当代图形图像设计与表现丛书

网络动画

Animate

制作与表现

沈正中 邹航 著

西南大学出版社

国家一级出版社 全国百佳图书出版单位

图书在版编目（CIP）数据

网络动画Animate制作与表现 / 沈正中, 邹航著. —
重庆：西南大学出版社, 2022.1（2024.8重印）
（当代图形图像设计与表现丛书）
ISBN 978-7-5697-1026-7

Ⅰ.①网… Ⅱ.①沈… ②邹… Ⅲ.①动画制作软件
– 教材 Ⅳ.①TP391.414

中国版本图书馆CIP数据核字(2021)第209713号

当代图形图像设计与表现丛书

主　　编：丁鸣　沈正中

网络动画Animate制作与表现　沈正中　邹　航　著
WANGLUO DONGHUA Animate ZHIZUO YU BIAOXIAN

责任编辑：鲁妍妍
责任校对：徐庆兰
整体设计：鲁妍妍

西南大学出版社
国家一级出版社 全国百佳图书出版单位

（原西南师范大学出版社）
地　　址：重庆市北碚区天生路2号
本社网址：http：//www.xdcbs.com
网上书店：http：//xnsfdxcbs.tmall.com

排　　版：张　艳
印　　刷：重庆新生代彩印技术有限公司
成品尺寸：185mm×260mm
印　　张：7.5
字　　数：200千字
版　　次：2022年1月 第1版
印　　次：2024年8月 第2次印刷
书　　号：ISBN 978-7-5697-1026-7
定　　价：65.00元

本书如有印装质量问题，请与我社读者服务部联系更换。
读者服务部电话：（023）68252507
市场营销部电话：（023）68868624 68253705

西南大学出版社美术分社欢迎赐稿。
美术分社电话：（023）68254657

序 《
PREFACE

中国道家有句古话叫"授人以鱼，不如授之以渔"，说的是传授人以知识，不如传授给人学习的方法。道理其实很简单，鱼是目的，钓鱼是手段，一条鱼虽然能解一时之饥，但不能解长久之饥，想要永远都有鱼吃，就要学会钓鱼的方法。学习也是相同的道理，我们长期从事设计教育工作，拥有丰富的教学实践经验，深深地明白想要学生做出优秀的设计作品，未来能有所成就，我们就必须改变过去传统的填鸭式教育。教师应摆正位置，由授鱼者的角色转变为授渔者，激发学生学习的兴趣，教会学生设计的手段，使学生在以后的设计工作中能够自主学习，举一反三而又灵活地运用设计软件，熟练掌握各项技能——这正是本套丛书编写的初衷。

随着信息时代的到来与互联网技术的快速发展，计算机软件的运用开始遍及社会生活的各个领域。而如今激烈的社会竞争中，大浪淘沙，不进则退。俗话说："一技傍身便可走天下。"无论是在校学生，还是在职工作者，又或是设计爱好者，想要熟练掌握一个设计软件，都无法一蹴而就，都需要慢慢积累和不断实践。本丛书的意义就在于：为读者开启一盏明灯，指出一条通往终点的捷径。

本丛书具有如下特色：

（一）本丛书立足于教育实践经验，融入国内外先进的设计教学理念，通过对以往学生问题的反思总结，更加侧重于实例实训，且主要针对普通高等院校的学生。本丛书可作为大中专院校及各专业相关培训班相关专业的教材，适合教师、学生作为实训教材使用。

（二）本丛书对于设计软件的基础工具不做过分的概念性阐述，而是将讲解的重心放在具体案例的分析和设计流程的解析上，在具体的案例设计制图中深入浅出地将设计理念和设计技巧传达给读者。

（三）本丛书图文并茂，编排合理，展示当今不同文化背景下的优秀实例作品，使读者在学习过程中与经典作品产生共鸣，接受艺术的熏陶。

（四）本丛书语言简洁生动，讲解过程细致，读者可以更直观深刻地理解工具命令的原理与操作技巧，在学习的过程中，完美地将设计理论知识与设计技能结合，自发地将软件操作技巧融入实践环节中去。

（五）本丛书与实践联系紧密，穿插了实际工作中的设计流程、设计规范，以及行业经验解读，可为读者日后工作奠定扎实的技能基础，形成良好的专业素养。

感谢读者朋友们阅读本丛书，衷心地希望你们通过学习本丛书，可以完美地掌握软件的运用思维和技巧，助力你们的设计学习和工作，创造出反响热烈和广受赞誉的优秀作品。

前言
FOREWORD

Animate是Flash软件的升级版本，具有的简单易学、门槛低、周期短、运用广泛等特点，成为近十几年来动画制作领域的新宠。它在二维动画制作中发挥着不可替代的重要作用。

本书通过几个简短实用的Animate动画制作案例，由简到难地介绍Animate动画基础知识，并尽量多地涵盖Animate动画的几个基本类型。采用理论与实践相结合的方式，详尽地讲述了Animate动画制作的过程、方法和要点。

第一章网络动画与Animate概述，让读者对Animate的起源与发展有一个整体的认识；第二章Animate软件功能介绍，通过对界面以及操作板块的详细介绍，使读者初步了解使用Animate软件制作动画的基本方法；第三章矢量图形的绘制，巩固和加强读者对操作菜单的认识，并进一步演示矢量图形的具体绘制手法；第四章帧的属性与逐帧动画制作，根据帧的属性进行逐帧动画制作的演示操作，使读者加深对Animate的理解；第五章形状补间动画与传统补间动画，通过对传统补间动画制作的讲解，使读者逐渐掌握流畅的动态画面的制作流程和方法；第六章引导线动画与遮罩动画，读者通过对动画效果技法的练习可以制作出精美的画面效果；第七章Animate动画编导与制作，向读者展示完整的动画制作过程。各章层层递进又各自独立，不同读者可以根据自身需求有选择性地阅读。

相较于市面上常见的Animate动画教材，本书实例更加贴近教学，案例由浅入深、步骤详尽，初学者可以按部就班地参照学习。本书不仅适用于Animate初学者，也可以作为有一定美术基础的动画专业的学生学习用书。通过对本书的学习，读者能够熟练掌握Animate动画的制作方法。

目 录
CONTENTS

第一章
网络动画与 Animate 概述

本章导读

本章主要介绍网络动画的产生与演变历程，Flash 的起源、发展以及更名为 Animate 的原因。

精彩看点

回顾 Flash 发展中的黄金时代老蒋、小小等中国著名"闪客"和韩国经典网络动画的代表作，总结出作品的风格。

第一节 网络动画概述

一、网络动画的产生

传统动画是从美术动画电影传统的制作方法移植而来的。它利用电影原理，即人眼的视觉暂留现象，将一张张逐渐变化的并能清楚地反映一个连续动态过程的静止画面，经过摄像机逐张逐帧地拍摄编辑，再利用电视的播放系统，使之在屏幕上活动起来。

通常，网络动画是指以互联网作为最初或主要发行渠道的动画作品，是动画艺术和互联网融合而产生的一种动画类型。20 世纪末至 21 世纪初，随着互联网多媒体技术的不断发展，网络动画作为一种娱乐需求开始在互联网中崭露头角。相比传统的电视动画和动画电影，网络动画通常具有成本低、适时收看、带有先锋或实验性质等特点（图 1-1）。

20 世纪 80 年代，互联网还处于以文字信息为主导的初期阶段，缺乏图像信息，

图 1-1 网络动画

更没有网络动画这种形式。单一的纯文字信息烦冗、枯燥，严重制约了互联网的发展和普及，而图像特别是动态图像显然是网络传播中不可缺少的一部分。

1991 年 8 月 6 日，世界上第一个网页——万维网，由互联网之父蒂姆·伯纳斯·李（图 1-2）开发出来，页面主要以文字信息为主，只有少量的标志。20 世纪 90 年代初，JPG 和 GIF 等图像格式开始在网页中出现，使互联网用户数量出现了爆发式增长。到 20 世纪 90 年代后期，动态图像的出现使互联网用户激增，信息的视觉化使用户扎根于网络，网络动画成为互联网媒体的重要构成元素之一，并且一直延续到今天。

20 世纪 90 年代末，主流门户网站开始注重对图形图像要素的添加和使用，如 1997 年网易网页页面和 1999 年搜狐网页页面（图 1-3）。这些页面虽然仍以文字为主，但是已经出现了 JPG 和 GIF 等图像元素，它们的出现标志着互联网开始朝着图像时代发展。互联网的普及与科学技术的发展有着密不可分的关系，依附于互联网发展起来的网络动画同样需要技术的支撑，网络动画不断从 JPG 和 GIF 等图像向短片剧情发展。由美国 Adobe 公司开发的 Flash 软件，主要用于制作微型互动游戏和原创动漫。其作为一种现代新而强大的动画制作软件和娱乐方式，不仅有实用的操作功能，并且还能给互联网用户带来视听上的双重感受。其中最大的原因是它具有强烈的趣味性，在全球范围内掀起了动漫爱好者使用 Flash 软件制作动画的潮流。

图 1-2 互联网之父蒂姆·伯纳斯·李

图1-3 搜狐网页页面

二、网络动画的主要特性

网络动画是指以互联网平台为主要发行渠道的动画作品，但这一渠道特色还并不足以完全概括其本质特征。除此之外，它还具有以下特征：

1. 通俗化

网络动画以互联网为载体进行传播，网络的便捷性、丰富性，使网络上的内容信息以指数级速度爆炸式更替。互联网向来是流行文化的前沿阵地，能满足人们不同喜好的作品更容易赢得市场，而小众晦涩的作品则很容易被忽视甚至埋没。网络动画更能满足青年群体的多样性审美需求，惊奇的审美、力量的审美、情爱的审美等青春独特的审美特质也成为网络动画的首要选择。而电视动画中的主角们多以拟人化的动植物或其他物件形象，此外一切物体皆可行动，这同时也回应了低龄儿童的游戏审美精神。有趣的语言方式和搞笑的行为片段在网络动画中是十分重要，甚至是创作者们会刻意追求的动画效果。在网络动画中无厘头笑点、恶搞式的配音或文字旁边等都是十分常见的；网络动画奇观化的视觉体验和充满表现力、创想力的镜头语言，使其区别于儿童喜爱的电视动画。

传统的三维动画制作团队庞大，需要耗费大量的时间及人力、物力。而网络动画制作成本较低，制作周期较短，无论公司、团队还是个人都可以生产和发布，这极大地提高了创作效率。相比传统动画，虽然网络动画制作流程和工艺有所简化，帧数减少，画面流畅度削弱，但这也成为它的一大优势，网络动画传播速度快、受众广，逐渐形成了一套属于自己的动画视觉语言。互联网平台的开放性、包容性使越来越多的创作者参与其中，挥洒创作热情。

2. 矢量化

互联网传播最重要的特点之一就是"快"，作者将动画作品上传至互联网中，网民则会在第一时间对其进行观看和评论。而矢量图形的图像数据占用量极小，简约明快的矢量风格成为早期网络动画的主流表现手段和审美倾向。从动画制作手段上讲，无论是 Animate 动画、传统二维 / 三维动画，还是定格动画都可以进行制作和输出。如今互联网进入 5G 时代，带宽的扩容继续突破软硬件条件的种种限制，网络动画的传播载体日渐增多。实现即时通信、微博传播、社交网站发布等以社交元素为基础传播方式的网络媒体平台为强化用户互动性和忠实用户黏性，逐渐创作和使用大量的具有代表性的 IP 形象作为动态表情或矢量符号，进一步扩充了新媒体动画的形态，例如，微信动态表情包的更新发布（图 1-4）和微博动态表情包（图 1-5）。网络必将以更开放的姿态拥抱各种多元的动画表现形式，而作为网络动画始祖的矢量动画也将会继续保持和发展下去。

图 1-4 微信动态表情包

图 1-5 微博动态表情包

3. 交互性

在互联网传播过程中，受众除了要被动观看并接收动画信息以外，还可以与其进行互动。交互性体现在人们可以与机器相互交流，并参与到动画中，这也是网络动画区别于传统动画的特点之一。例如，在小小2号作品《过关斩将》（图1-6）中，作品模仿了电子游戏的进行模式，每一个片段都以关卡作为节点进行串接，观众需要通过点击其中一个段落选项自行选择观看情节，作品又会根据观众选择播放至下一关卡或循环播放。这类有交互性的动画作品，提升了观众的参与感，使作品的表现力和感染力增强。近年来，随着科学技术的发展，虚拟现实技术逐渐出现在人们的视野中。时代发展下的VR（虚拟现实）动画极大地突破了原有的网络动画的互动和服务领域，颠覆了动画产业原有的固定框架。动画是一种艺术表现形式，其技术不断地被探索和突破。反观动画的发展历史，每一次动画的发展与更新都伴随着科技的进步。虚拟现实互动技术同样也给网络动画的发展带来了巨大的变革，新视觉所呈现的沉浸式效果对动画发展具有重要意义。

图1-6 《过关斩将》

三、韩国网络动画的经典模式

一直以来，美国和日本占据全球动画市场的大部分市场份额，直到韩国利用网络平台打造出属于自己的动画作品和品牌，在世界范围占有了一席之地，才打破美日两国对动画市场的垄断。互联网时代伊始，韩国政府屡次适时出台大力扶持动漫产业发展的相关政策，受到国民的广泛关注与重视。随着网络动画的悄然兴起，韩国动漫迅速确立了不同于美国、日本的世界第三大动画风格。

在韩国，由于互联网的普及度比较高，网络动画已经慢慢取代替传统动画，成为重要的商业宣传手段和娱乐手段，韩国网络动画的崛起促进了全球网络动画的发展。韩国出现了在亚洲乃至全球有着超人气的《中国娃娃》和《流氓兔》等 Flash 系列动画（图1-7、图1-8）。其画面简洁明快，风格轻松幽默，这两部动画的角色成为最早的一批网络卡通明星，作品也因此成为世界知名的动漫品牌。在韩国等互联网普及程度较高国家和地区，新媒体网络动画正逐步代替传统广告，逐渐成为品牌宣传的一种重要方式。

《中国娃娃》是韩国一个成功的网络动画案例。《中国娃娃》的制作者巧妙地利用了迪士尼的运动法则，运用弹性运动、加减速度、运动模糊等表现手法加强作品的表现力，使作品既有互联网时代感又不失经典动画的语言特征，吸引了人们的关注。最初网络动画作品往往都有人物动态较为僵硬的通病，《中国娃娃》特意增加了发髻发生惯性动作与回弹动作，增加了人物动态的趣味性。除此之外，作者在简单的动作上增强了缓动设置，使人物的动作生动自然。《中国娃娃》的成功还促进了动画产业的发展，推出了将近2500种动漫周边创意产品，短短几年时间畅销于全世界60多个国家与地区。动画产业的发展既促进了网络动画的发展，又发掘了网络动画的商业价值，越来越多的人力物力开始投入网络动画的发展中，形成良好的循环。

韩国动画之所以能快速发展，并取得傲人的成绩，一个重要原因是其对自身有着清晰的判断和准确的定位，并在此基础上摸索出了一条适合自身发展的道路。韩国政府对本国动画市场形成和融资、创作、传播等做出了较为准确的预见性引导，使其初步形成了多格局的产业分布，从而推动了韩国网络动画产业从影院动画到独立动画、创作性强的动画，再到 VR 互动类型的动画等方向发展。在此之前，美国动画早已称霸世界多年，特别是在大银幕领域，其霸主地位不可动摇，连排名第二的日本也难望其项背。在传统电视领域，日本的各种系列电视动画片同样风靡世界。为美国、日本代工多年以后，韩国动画师已具备了生产高水平作品的能力。他们避开分别被美国、日本霸占的电影和电视两个领域，搭乘时代的东风，以互联网为传播平台，生产出一批既叫好又叫座的网络动画作品。而这种模式迅速被固定下来，并跨越动画制作手法和类型，在后来的三维动画中一直延续下去。《倒霉熊》（图 1–9）、《爆笑虫子》（图 1-10）都是其中的代表作。韩国动画的故事简洁而经典，情节诙谐搞笑，将美国的经典模式运用得得心应手。这种运用不是照搬，而是一种充分结合和时代发展需求的全新产品。近年来，韩国动画界一直不断地探索各式各样风格和形式的短片，以及类型丰富的动画电影和表达正面的情感、态度和价值观的动画艺术。

四、中国网络动画的发展

相对于美国和日本等发达国家，中国的网络动画的起步较晚。在进入互联网时代后，网络动画开始逐渐出现在人们的视野中，由于受技术和人才条件的限制，主要以线条流畅、色彩简洁的 Flash 动画为主。

图 1-7《中国娃娃》

图 1-8《流氓兔》

图1-9 《倒霉熊》

图1-10 《爆笑虫子》

图1-11 《泡芙小姐》

图1-12《罗小黑战记》

　　随着互联网的普及,国家开始助力网络动画的发展,在2006年后相继出台《关于推动我国动漫产业发展的若干意见》和《国家"十一五"时期文化发展规划纲要》,加快发展民族动漫产业,从此中国的网络动画步入了正轨。2010年优酷和北京互象动画有限公司出品的《泡芙小姐》(图1-11)网络动画系列,每一集都是一个独立的小故事,每集11分钟,共104集,分为8季播出。《泡芙小姐》网络动画深受观众喜爱,在内容上也有一定的教育意义。2011年,由北京寒木春华动画技术有限公司出品的Flash动画《罗小黑战记》(图1-12)再次在中国网络动画界引起轰动,其简洁大方的视觉语言和扣人心弦的剧情赢得了观众的喜爱。

　　前期,中国的网络动画由于缺少投资,发展缓慢。近年来,各大视频播放平台,如腾讯视频、爱奇艺、优酷等发现了网络动画的潜力和商机,开始向网络动画领域进军。中国网络动画逐渐进入快速上升期,陆续推出了《十万个冷笑话》(图1-13)、《尸兄》(图1-14)、《妖怪名单》(图1-15)、《画江湖之不良人》(图1-16)等优秀网络动画。

　　中国网络动画虽然起步较晚,但是由于网络动画具有时长短、易观看、画面特效精彩等特点,在中国动画市场拥有巨大的发展潜力。近几年,《一人之下》(图1-17)、《狐妖小红娘》(图1-18)、《斗罗大陆》(图1-19)等网络动画都达到数以亿计的播放量,为我国网络动画创造了新的奇迹。

图 1-13 《十万个冷笑话》

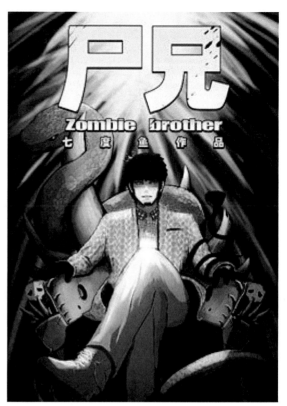

图 1-14 《尸兄》

图 1-15 《妖怪名单》

图 1-16 《画江湖之不良人》

图 1-17 《一人之下》   图 1-18 《狐妖小红娘》

图 1-19 《斗罗大陆》

第二节 Animate 的前世今生

提到 Animate 这款软件，我们可能会感到有些陌生，其实它已经陪伴我们二十余年了，其前身就是我们非常熟悉的 Flash（图 1-20）。它为动画制作提供了重要的技术支持，在经历了技术更新和结构优化后，2015 年 Flash 更名为"Animate"，一直以来，它都是网络动画的重要表现形式。

一、专门化 Flash 门户网站的诞生

20 世纪 90 年代中后期，互联网的迅猛发展使一批与之相关的软件应运而生，其中美国人乔纳森·盖伊（Jonathan Gay）在 1995 年设计完成了一款名为 Future Splash Animator 的矢量动画软件，也就是 Flash 的前身，该动画软件具有强大的交互性以及动画关键帧技术。Future Splash Animator 动画软件于 1996 年 11 月被 Macromedia 公司收购，同时改名为 Flash1.0，由此 Flash 正式诞生。

20 世纪初期，互联网带宽大多数还是 512K，时常出现卡顿现象。在那个时期，流畅且画质精美的 Flash 动画在互联网视频中处于统治地位。甚至在当时许多没有美术基础或动画基础的网民们，都选择投身于 Flash 动画创作的热潮中。大量的 Flash 动画作品铺天盖地袭来，优秀作品层出不穷，Flash 创作成为当时网民们重要的生活娱乐方式之一。

Flash 是一款动画制作软件，可制作有动态和互动效果的矢量图形，无论放大还是缩小都不会失真，便于在不同大小的屏幕上观看。同时，Flash 也是动画形式的一种，它于 20 世纪 90 年代末进入中国，动画制作技术简单高效，生成的文件体量小、制作灵活、简易快捷，其以"小、灵、快"的特点被广泛应用于生产生活中，快速在中国互联网领域传播。时至今日，Flash 动画制作依然是各大高校动画相关专业的必修课程。

Flash 在初期的主要职能是丰富网页界面，使网页元素有一些动态效果从而显得更加生动，同时让网页更加具有吸引力，生动的页面可以缓解用户的视觉疲劳，增加互动性。Flash 动画作为网页设计中一个重要的视觉元素，它不仅能使网页呈现出多媒体视听效果，通过互联网通信技术还能使整个网页素材变得更加丰富，从而达到最佳的视觉效果。然而，没过多久设计人员便发现这款软件的真正魅力远远没有展现出来，越来越多的网络动画爱好者开始用它制作出独立、完整、优良的动画作品。2000 年前后，大量的"发烧友"蜂拥而上、大展拳脚，一时间 Flash 作品和专门的 Flash 动画网站也如雨后春笋般冒了出来。Flash 逐渐发展为一款专业的动画制作软件。在中国，当时的 Flash 网站数量众多，其中规模和影响力最大的是闪吧和闪客帝国（图 1-21）。

图1-20 Flash 启动界面

图1-21 动画网站闪吧和闪客帝国

1. 闪吧

闪吧是一家主要面向中国大陆用户及全球 Flash 行业用户的综合性 Flash 动画门户网站。该网站成立于 1999 年，紧接着 2003 年在上海成立了闪吧网络科技有限公司。闪吧成立后，网站核心主要基于 Flash 及其相关技术，一直致力于为互联网的动漫内容服务。闪吧网站创始人——沈卫（网名古墓），一直不遗余力、坚持不懈地维护与发展网站，将闪吧建设成为中国闪客最大的社区之一，2002 年世界杯期间，他亲自创作了 MV《中国足球队之歌》（图 1-22），短片以中国国家男子足球队队员为原型进行创作，成为当时中国球迷的精神食粮和饭后谈资。闪吧每天都会进行作品更新，也经常发起比赛活动，对推动 Flash 动画作品的产业化、规模化，起到了积极的作用。

闪吧曾经与腾讯联合举办了一场声势浩大的 Flash 比赛，吸引了当时众多一线的闪客参与。最终，一个名为《大鱼·海棠》的短片从众多的作品中脱颖而出。该片画风细腻唯美，带着浓厚的中国传统审美韵味，生动自然的动态接近于二维动画的技术水平。此作品反映出了市场和设计者的双向成长，两者都对作品提出了更高的要求。它也是网络动画从"能动起来"的 1.0 版本升级到"漂亮流畅"的 2.0 版本的典型代表。这次比赛让更多的网民开始认识和关注《大鱼·海棠》。作者以此作为契机和动力，在 12 年后的 2016 年，由彼岸天文化有限公司、北京光线影业有限公司、霍尔果斯彩条屋影业有限公司联合推出了同名二维动画电影（图 1-23）。

图1-22 《中国足球队之歌》动画 MV

图1-23 《大鱼·海棠》

2. 闪客帝国

闪客帝国网站则是从 20 世纪末的中文论坛"回声资讯"转化而来的，"回声资讯"曾聚集了国内第一批 Flash 动画制作者，随着这个团队的迅速壮大，该论坛逐渐演变为后来在互联网产生巨大影响的闪客帝国（图 1-24）。巅峰时期的闪客帝国掌握了中国大陆 90% 以上的闪客与动画资源。平均每天网站的浏览量高达 200 万，高峰时期甚至突破 300 万。网站上主要有 8 个种类，上万个 Flash 动画作品。拥有 1 个主站、多个合作网站和交流中心，活跃的注册用户超过 100 万。广告客户包含 P&G、HP 在内的国内外 50 多家知名企业。推出了国内第一个，也是当时最权威的"中国闪客原创 Flash 动画排行榜"，成为被多数专业动画机构认可的 Flash 动画网络媒体。该网站堪称当时中国最大、最成功的以各种 Flash 动画为内容的门户网站。其中所有内容都由 Flash 软件制作而成，形式非常开放而多元，几乎囊括了当时出现的所有 Flash 类型，包括动画短片、动画 MTV、广告设计、网页设计……网站甚至设置了各种排行榜，从日排行、周排行到月排行不一而足，网民们在闪客帝国乐此不疲，仿佛找到了自己的精神家园和根据地。后来，部分闪客出身的优秀创作者成立或组成了动画团队，创作出了更多的优质作品，例如曾在央视播放多年的《快乐驿站》（图 1-25）就是老闪客们创作的。

二、先驱闪客的代表

相较于其他操作较为冗杂的动画制作软件，Flash 的出现开创性地引入了"补间动画"这一概念，制作者只需绘制开始和结束这两个"关键帧"的图像，软件就会利用自身算法主动生成前后两帧之间的常规运动过程，很大程度上降低了网络动画的创作门槛，缩短了制作时间。此时，中国出现了不少优秀的 Flash 动画创作者，那些喜欢使用 Flash 软件进行创作，并将自己的作品分享到网络上的网友被时代冠以专门的称谓——"闪客"。白丁、朴桦、皮三等一大批知名制作者开始涌现出来，老蒋和小小当属其中影响较大的两位。

图 1-24 闪客帝国网站

图 1-25 《快乐驿站》

中央美术学院版画系摄影专业科班出身的老蒋是当时艺术专业学院派的杰出代表，在业界有着"中国闪客第一人"的称号，是新媒体艺术的杰出代表，也是中国 Flash 制作水平最高的领军人物之一。他摒弃简单的视觉效果模拟，擅长最大限度地运用 Flash 软件，并结合自己扎实的美术功底和多元的视听语言，制作出成熟完整、丰满独特、有艺术感的作品，其代表作有《新长征路上的摇滚》《强盗的天堂》等。

《强盗的天堂》是一个成功的好莱坞大片式的平面动画作品。短片参考了典型的美式大片情节，镜头调度极其概括并洗练成熟，并参入一些时代性的符号元素，富有很强的视觉冲击力。该短片使 Flash 从一贯平庸的平面设计、MV、广告设计等辅助表现手段中跳脱出来，成为一种可以独立而完整进行表达的动画影片，可以说在当时的中国设计界和动画界都具有开拓性的意义（图 1-26）。

在这部动画之前，中国虽然已开始出现具有动画特征的 Flash 作品，但在制作手段上基本以简单的矢量图形或大量的位图为主，多偏重图形的简单运动的视觉设计，以叙述为目的的风格化作品很少出现。《强盗的天堂》则是完全使用 Flash 进行制作，绘制的中间画面虽然不多，但造型夸张、分镜生动、声效到位，宛如在看一部浓缩版的好莱坞大片。这部动画短片一经推出便迅速登上各大网站排行榜前列，成为众多学院派闪客启蒙的标杆。

紧接着，2000 年老蒋创作了动画 MV《新长征路上的摇滚》，让许多中国网民第一次见识到了 Flash 作为一种全新动画种类的独特魅力。崔健的独特摇滚歌曲搭配着老蒋动画中大块面的红蓝纯色和刀刻般的粗黑线条，以及麻将、人民币、工农兵形象等中国元素，创造出鲜活而有意味的 Flash 动画作品（图 1-27）。

图 1-26 《强盗的天堂》

图 1-27 《新长征路上的摇滚》动画 MV

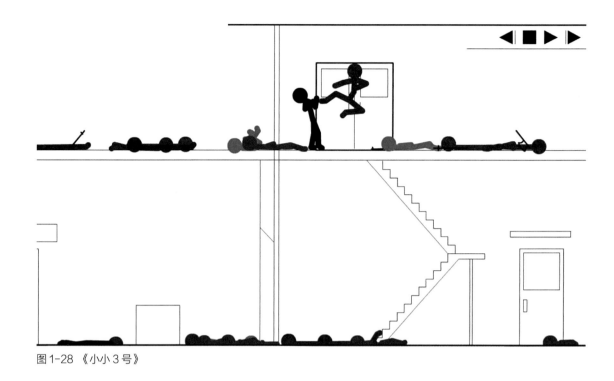

图 1-28 《小小 3 号》

小小本名朱志强，他没有美术或设计类专业的学科背景，是普通民间爱好者的代表，他所有作品都是火柴棍人的打斗戏。没有复杂剧情，没有精美的外形，只有黑白两个颜色。将简化到极致的棍形人激烈打斗的场景表现得惟妙惟肖。有一对一的单挑，有一对多的群斗，有赤手空拳的肉搏，有器械的对抗，无论哪种形式，其动作都非常流畅自如，格斗招式就像专业武术指导精心设计出来的。

作品中常常出现香港或者好莱坞经典动作片中的打斗场景，将真实的人物转化为身手不凡、上下翻飞的极简的火柴棍人。成龙、李连杰、基努·里维斯等功夫明星的招牌动作都出现在作品中。新颖独特、好玩而新奇的视觉表现让观者乐不可支。小小代表作有《小小 3 号》（图 1-28）等。除了单纯的动画之外，小小还制作了名为《过关斩将》的 Flash 小游戏，玩法类似 FC 的双截龙，控制火柴棍小人在不同的场景中战斗。2000 年，该作品获得了华冠杯 Flash 大赛最佳游戏奖。2001 年，小小被《新周刊》评选为"年度网络风云人物"。

小小的成功让更多的动画爱好者明白，技术无法成为制约自己制作网络动画的根本原因，只要全身心投入就有可能制作出有特色、能打动人的作品。于是动画爱好者们纷纷参与其中，加入到这场网络新时代的狂欢之中。

三、系列化作品的出现

个人作品时长短、更替慢、内容体量有限，渐渐难以满足网民日益增长的需求。在这种背景下，系列化、集群化的 Flash 作品很快开始走到前台。前期有 ShowGood 出品的《大话三国》系列（图 1-29）、拾荒的《小破孩》系列（图 1-30），后期有王小波的《喔喔喔》系列（图 1-31）、陈格雷的《张小盒》系列（图 1-32）及我国台湾地区闪客代表张荣贵的《阿贵》系列（图 1-33）等优秀作品。这其中的出品方有少数个人或团队作品，更多是动画公司作品，这一现象也反映出网络动画走向成熟化发展的趋势。

图1-29 《大话三国》

图1-32 《张小盒》

图1-30 《小破孩》

图1-33 《阿贵》

图1-31 《哐哐哐》

2000 年，国内外出现了一大批 Flash 制作团队或公司，ShowGood 是国内第一家 Flash 动画公司。此时的互联网上流行一种发源于美国的电子贺卡，用户可以在 ShowGood 网站上设计出精美的电子贺卡，以此实现互相发送。这种新型的互动形式得到了"病毒"式的传播，吸引了众多人的眼球，同时也提高了 ShowGood 的知名度。ShowGood 希望在自己生产的电子贺卡中设计出像迪士尼动画角色一样具有品牌辨识度的形象。在开发的过程中，各种要求也跟随飞速变换发展的互联网不断地改变升级，开发的内容渐渐超出了一个电子贺卡所能承载的范围，在不知不觉中形成了超过一分钟的网络动画片。ShowGood 也从一家发行电子贺卡的公司转型成为原创动画公司。

其中"三国"的主题最受网民关注和喜爱，ShowGood 逐渐开发出《大话三国》系列（图1-34），并且延伸开发出包括 MV 及《小兵的故事》（图1-35）、《三国外传》等作品。周边产品主要包括公仔、图书、DVD 和授权开发的网络游戏等。2000 年，ShowGood 把原本幽默搞笑的四格漫画《大话三国》制作成动画，国人熟知的《三国演义》经过动漫化的夸张演绎，变得饶有趣味，其诙谐的人物形象和幽默的内容在网络上广为流传。

图1-34 《大话三国》

同时期，还有白丁创作的《少儿不宜》、张荣贵的《阿贵》系列网络动画（图1-36）等优秀代表作品。这些作品故事情节幽默诙谐，画风简洁明快，往往散发出浓浓的时代情怀，虽然没有厚重细腻的画面，但这种小清新、小情调的感觉却很快抓住了一代网民的心。

2002 年的中秋节，中国一个不知名的 Flash 动画《小破孩：中秋背媳妇》在互联网上被无数次点击和转发，于是《小破孩》系列网络动画就这样诞生了（图1-37）。《小破孩》是中国早期的网络动画代表之一，具有中国传统的文化元素和现代时尚元素，是典型的 Flash 动画。线条简洁，风格多样，既幽默搞笑，又有一定讽刺意味；既温馨浪漫，又调皮活泼；既童气十足，又引人思考。《小破孩》的成功为中国网络动画发展提供了有益借鉴，幽默搞笑、具有中国传统元素和一定教育意义的网络动画成为当时中国网络动画发展的一个重要方向。

图1-35 《小兵的故事》

2004 年，悠无一品（不思凡）的《黑鸟》（图1-38）被人誉为中国 Flash 动画史上一个不容忽视的力作。该系列共 7 集，每集时长 5 分钟。想象力丰富，故事悬念迭起，表现了一位侠客在复仇的途中与各种神秘人打交道，经历了各种离奇的冒险故事。片中中国元素的使用使该片具有浓厚的传统意味，主要以黑白水墨为主的视觉效果呈现，是对现代中国水墨动画进行的一次有益尝试。

图1-36 《阿贵》

图1-37 《小破孩》

图1-38 《黑鸟》

图1-39 《张小盒》

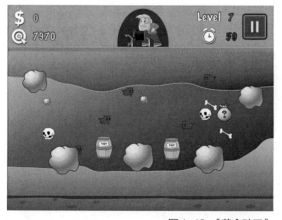

图1-40 《黄金矿工》

2006 年，陈格雷的《张小盒》系列诞生，开辟了网络动画领域的"新的世界"（图1-39）。《张小盒》讲述了在一个放眼望去都是方形的世界里，办公室是个盒子，办公楼是一个大一点的盒子，汽车是小一点的盒子，住的也是盒子，盒子无处不在。上班族每天从一个盒子走到另外一个盒子，周而复始、无限循环。在这个到处都是盒子的世界，闹钟不会响，马路总是不通，电梯永远也进不去，在这个频频混乱的世界，上班打卡的机器却从未出过错。荒诞而又现实的情节不禁让人哑然失笑，引起了观众的共鸣，这不正是千千万万上班族中的"我们"吗？错过的闹钟、拥堵的地铁、挤不上的电梯，还有总会晚了一秒的打卡。正如作者陈格雷所说的"张小盒只是普普通通上班族中的一员，拥有着平凡人的喜怒哀乐，这中间有太多属于我们的影子"。《张小盒》虽然画风简洁可爱，但感情十分的细腻，站在大众的视野上，书写了普通人的故事。《张小盒》先后被 CCTV 等媒体誉为"最著名的中国上班族动漫形象代言人"、年度草根人物。

还有很多经典的将 Flash 加速推上神坛的功不可没的网页小游戏。在网速较慢的 21 世纪初，4399、7K7K 等游戏网站，开发出无须用户下载的免费的网页互动游戏，受到网民们的大力追捧。例如《狂扁小朋友》、《黄金矿工》（图1-40）等 Flash 互动小游戏为用户们提供了最原始的行为乐趣，刺激着 Flash 动画的发展。

四、Animate 接棒 Flash

至今 Flash（图 1-41）应用已有 20 多个年头，如今 Flash 受到了互联网平台更新换代的冲击，为了能够让其适应新的网络环境，除了为其继续拓展 HTML5 和 SVG 领域以外，Adobe 公司还特意将其名字改为 Animate（图 1-42），毫不掩饰其在动画领域的发展重点。

Animate 极大降低了动画制作的门槛，打破了传统二维动画高高在上的局面，成为平面动画领域重要的组成部分，对今后平面动画的制作、展现方式产生了重大影响。

如今，随着 Animate 动画作品和市场的发展，纯粹的个人习作相对减少，Animate 动画以更丰富的形式悄然出现在更多领域里，呈现出两极化的发展趋势。一是制作精良、体量庞大的影视级动画片，如《喜羊羊与灰太狼》（图 1-43）、《武林外传》等；二是短小精干、亲民随和，单个时长仅数秒的 Q 表情，且造就了兔斯基、悠嘻猴、阿狸、小幺鸡等一大批 Q 表情动画明星（图 1-44）。

Animate 支持高品质的 MP3 音频流、文字输入字段等格式，有着良好的交互性，不但可以制作网页、PPT，在网页游戏和小游戏领域及其他数字平台也有非常广泛的运用。观众通过操控小游戏，大大提高了 Animate 动画的参与性，这仍然是 Animate 未来发展的重要方向之一（图 1-45）。

Animate CC 于 2016 年 1 月推出（图 1-46）。同时，Adobe 还将推出适用于桌面浏览器的 HTML 5 播放器插件，作为其现有移动端 HTML 5 视频播放器的延续。此外，根据 Adobe 官方原文的描述，公司将继续与业界伙伴如微软、Google 等合作加强现有 Flash 内容的兼容性和安全性。

图 1-41 Flash 软件图标

图 1-42 Animate 软件图标

图1-43 《喜羊羊与灰太狼》

图1-44 Q表情动画

图 1-45

图 1-46 Animate CC 启动界面

第二章
Animate 软件功能介绍

本章导读

　　本章主要对 Animate 软件的界面布局、主要菜单和常用工具等进行简单介绍，让学生对 Animate 软件有一个整体认识，为之后的设计制作打下基础。

精彩看点

　　本章以图文并茂的方式介绍 Animate 界面布局，带领学生轻松进入 Animate 的操作学习中。

第一节　界面总览

　　打开 Animate 软件，首先弹出欢迎界面，如图 2-1 所示；稍后会显示启动界面，如图 2-2 所示。在该界面中，用户可以根据需求设置工作区。

　　点击"新建"按钮，用户即可使用 Animate 内设模板创建新文件。

　　点击"打开"按钮，用户即可打开最近制作的项目内容或打开新文件。

　　观看视频：用户可以在软件中学习并了解 Animate 的部分基础教学内容。

　　快速创建新文件：可选择需要的板块进行调整，实现快速创建新文件的功能。

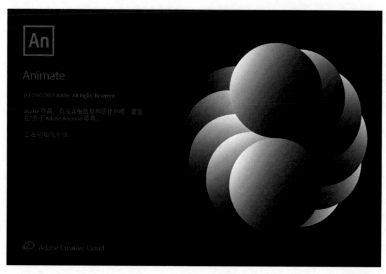

图 2-1

新建文件，即可进入 Animate 主面板。鼠标左键单击右上方的工作区按钮，弹出传统、动画、基本、基本功能、小屏幕、开发人员、设计人员、调试 8 个选项面板（图 2-3）。这 8 个面板是为不同的操作用户所准备的，现以"传统"面板为例来介绍 Animate 界面布局。Animate 界面可分为五大部分，分别为菜单栏、工具栏、时间轴、舞台与面板组（图 2-4）。

下一节，我们将对各个板块逐一进行讲解。

图 2-2

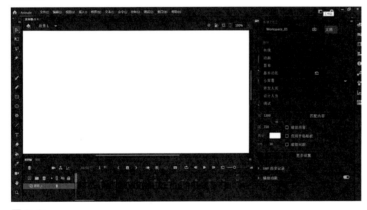

图 2-3

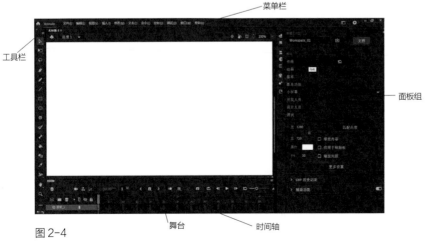

图 2-4

第二节 工具栏与菜单栏

一、工具栏

Animate 的工具栏主要包含视图工具、绘图工具以及各种辅助工具。由上至下依次为选择工具、任意变形工具、套索工具、钢笔工具、文本工具、线条工具、矩形工具、椭圆工具、多角星形工具、铅笔工具、画笔工具（2类）、骨骼工具、颜料桶工具、墨水瓶工具、滴管工具、橡皮擦工具、宽度工具、摄像头、手形工具和缩放工具（图2-5）。

部分工具图标的右下角有三角形图标按钮，在图标上单击鼠标左键即可弹出隐藏的工具面板，如图 2-6 所示。

舞台右上方有部分图标按钮（图2-7），由左至右依次为舞台居中、旋转、剪切掉舞台范围以外的内容，还有场景百分比，点击下拉菜单即可显示场景的不同比例。

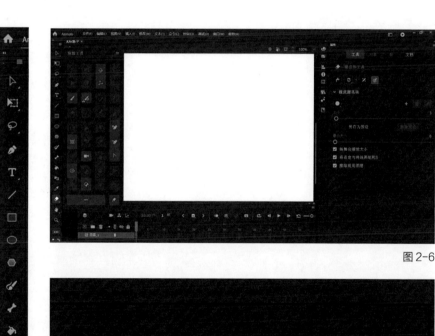

图 2-6

图 2-5

图 2-7

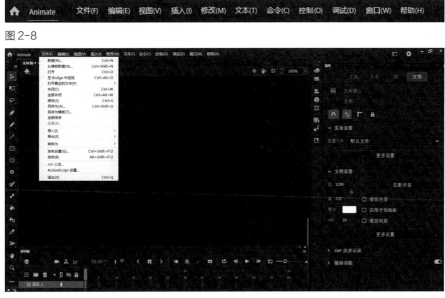

图 2-8

图 2-9

二、菜单栏

Animate 菜单栏中包含了多数菜单命令，菜单栏位于界面最上方，它是按照程序功能分组排列的按钮集合。其中包括文件、编辑、视图、插入、修改、文本、命令、控制、调试、窗口、帮助菜单项（图 2-8），可以执行 Animate 的大多数功能操作命令，鼠标左键单击任意一个菜单即可弹出下拉列表，其中包含了不同的菜单选项（图 2-9），用户可以根据需要选择相关命令。

第三节 时间轴选项组

一、时间轴

在传统工作区中，时间轴位于界面正下方，由图层与时间轴两部分构成，用于显示和管理当前动画的帧数和图层数，是 Animate 动画编辑制作的基础，我们可以通过利用该窗口创建不同类型的动画效果和控制动画的播放预览。该窗口是重要的操作区域，制作者可以在该窗口中创建不同类型的动画、设置图形属性、为影片添加声音等。双击时间轴或者动画编辑器可以隐藏窗口，再次点击即可展开。

Animate 时间轴上的每一个小格为一帧，是 Animate 动画制作的最小单位，图像在帧上的连续播放构成了动画。如果要想观看帧上的图像内容，只需将播放按钮移动至具体的帧上即可。帧的编号和时间（单位为秒）总是显示在时间轴上方。而时间轴的底部会显示所选帧的编号以及当前帧速率，还会显示从开始到结束整个影片的时间，帧上方的图标按钮从左至右依次为在关键帧向后退至上一个关键帧、插入关键帧、在关键帧向前进至下一个关键帧、绘图纸外观、编辑多个帧、创建传统补间、帧居中、循环、后退一帧、播放、前进一帧（图 2-10）。后面章节将会详细介绍和演示时间轴面板与功能按钮的操作方法。

二、图层

时间轴中还包含了图层的部分，它能帮助我们在文档中调整素材顺序。每一个出现在舞台上的图形都分别绘制在不同的图层上，当我们在一个指定图层上绘制与编辑图形时，其他图层上的图像不会受到干扰，彼此间互不影响。各图层按照先后顺序排列，位于时间轴底部的图层对象在舞台显示时也位于最底部。图层面板中，左侧为图层名称，图层选项图标右侧的圆点为图层编辑功能，使用鼠标左键单击圆点则可以突出显示图层、显示 / 隐藏图层、锁定 / 解锁图层和只显示图层轮廓等（图 2-11）。

1. 添加新图层

新建的 Animate 文档只包含一个名为"图层一"的图层，我们可以根据需要添加或删减图层，舞台中上方图层对象在下方图层对象之上。我们可以在时间轴面板中选择一个图层，再执行"插入—时间轴—图层"命令，或直接点击图层面板右上方的新建图层按钮新建图层（图 2-12）。

图 2-10

图 2-11

图 2-12

025

当图层数量较多时，为更好地区分内容，我们可以单击图层面板上方的眼睛图标按钮，对图层进行显示和隐藏。按住 Shift 键并单击眼睛图标，即可降低图层透明度，此时可显示下方图层的内容。隐藏或降低图层透明度，可以帮助我们查看图层内容，且不会影响最终导出效果。双击图层图标弹出"图层属性"对话框，可以在对话框中调整透明度参数。

2. 重命名图层

重命名图层能帮助我们轻松查找图形所在的图层，把图形对象分别置于不同的图层上，并对图层进行重命名，会大大节省制作时间，提高工作效率。双击图层名称，将其命名为"图形 1"，再在图层名称框外单击鼠标左键，命名即可生效（图 2-13）。单击"锁定或解除锁定所有图层"按钮锁定当前图层（图 2-14），以防止编辑完成的图层内容被错误操作。一旦锁定将无法再对图层进行编辑。

3. 删除图层

选择要删除的图层，然后再单击"垃圾桶"按钮。按住 Shift 键并单击鼠标左键进行加选再点击"垃圾桶"按钮可同时删除多个图层（图 2-15）。单击鼠标左键并对图层进行拖拽，即可调整图层顺序。

图 2-13

图 2-14

图 2-15

第四节 场景与库

一、场景

在 Animate 中，场景就是指舞台，也被称为工作区，是软件中使用频率最高的一个区域。大部分操作，如图形的制作、各个动画组件的拼合等都是在场景中完成的。"舞台"中的图形内容也就是最终输出的 Animate 影片（图 2-16）。

场景操作主要包含缩放与移动两种方式。这两种操作分别需要用到工具栏中的手形工具（图 2-17）和缩放工具（图 2-18）。

图 2-16

图 2-17

1. 手形工具

我们可以使用手形工具来移动场景。值得注意的是，软件中的移动工具能实现场景的移动。在绘图的过程中，我们需大量使用手形工具。按下"H"键或长按空格键切换到手形工具，松开空格键后系统会切换回上一次使用的工具，这可以帮助我们提高工作效率。

2. 缩放工具

使用缩放工具可以对场景视图进行放大和缩小。我们也可以按住 Alt 键并在舞台上单击鼠标左键缩小场景；或对某一细节进行框选，来放大框选部分。按下"Ctrl + +"或"Ctrl + –"快捷键，也可以放大和缩小场景。

单击工作区右上角的下拉菜单，即可设置"场景"的显示比例。其中有符合窗口大小、显示全部和显示帧三个常用的选项（图 2-19）。选择"显示帧"，场景会最大化显示，并置于屏幕正中间。此时，超出"场景"之外的内容则无法显示。选择"显示全部"，场景则会显示出当前帧的所有内容，包括工作区白色方框以外的图像，而此时"场景"则不一定被全部显示。当然，我们还可以利用工作区右侧和底部的滑块来查看整个工作区。

默认情况下，我们能够看到舞台以外的灰色区域，并可以在该区域放置无须显示的元素。我们可以执行"视图—缩放比率—剪切到舞台"命令，也可以单击"剪切掉场景外面的内容"按钮（图 2-20），裁剪场景区域之外的图形元素，以查看最终效果。

图 2-18

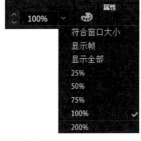

图 2-19

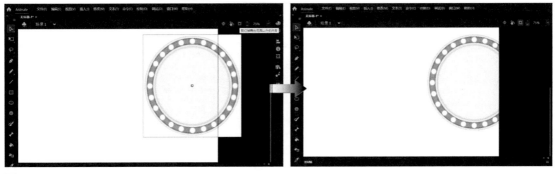

图 2-20

3. 属性面板

在没有选择任何目标对象的情况下，属性面板显示的是整个文件的基本信息。

可以在属性面板对当前所选对象的基本属性进行设置。不同的对象，其属性面板的信息也有所不同。可以在属性面板中修改场景的颜色及文档属性，默认情况下，该面板在舞台右侧（图 2-21）。

二、库与元件

顾名思义，"库"即是存放元素的空间，相对于"场景"这个概念而言可以将其理解为"后台"，可以用来储存和组织各种静态与动态的元件，以及导入的文件，包括位图、图形、声音文件和视频剪辑。元件是经常用于动画和交互的图形。

1. 库面板

库面板可以用来组织文件夹中的库项目，可以查看文档中的某个项目的使用频率以及按种类排序。当项目被导入 Animate 时，我们可将其直接存放到舞台或"库"中。导入到场景上的所有项目都会被添加到"库"中，我们可以根据需要再次添加至场景进行编辑与查看。执行"窗口—库"命令或按下"Ctrl+L"快捷键显示该面板（图 2-22）。

图 2-21

图 2-22

029

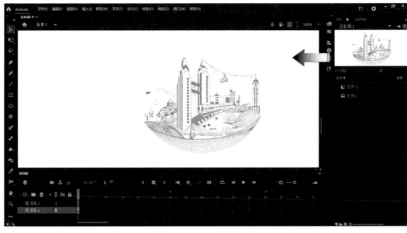

图2-23   图2-24

图2-25

通常，我们可以直接使用 Animate 中的绘图工具创建图形并将其保存为元件，也可导入图形或音频文件，它们都将存放于"库"中。执行"文件—导入—导入到库"命令即可将图像存放到"库"中，也可以单击鼠标左键并按下 Shift 键对文件夹中的元件进行加选，一次性导入多个元件。"库"面板中将显示当前导入的所有元件，此时我们就可以使用库中的元件进行创作了（图 2-23）。

在库面板中选择目标元件，将其拖到舞台上（图 2-24）。

2. 元件的创建与编辑

在 Animate 动画制作过程中，我们可以把素材转换为元件保存在"库"中，以便随时调用，这样可以极大提高制作效率，巧妙地使用元件可以有效避免素材因文件体量过大而导致的视频播放不流畅的问题。

首先新建空白元件,再执行"插入—新建元件"命令,或者按下"Ctrl+F8"组合键，在弹出的"创建新元件"对话框中点击确定按钮，如图 2-25 所示。

单击"确定"按钮创建新元件后，软件会自动进入元件编辑模式。单击左上角场景名即可退出元件编辑模式，回到场景编辑模式还能在库面板中小图预览该元件。

在元件编辑模式中绘制图形时，库面板中的元件预览窗口会显示该图形，如图 2-26 所示。单击左上角场景名返回场景编辑模式，这时我们发现，绘制的图形元件并没有保留在场景中，而是仅储存在库面板中，如图 2-27 所示。使用鼠标将库面板中的元件拖至场景中，这样元件就可以在舞台上显示和操作了，如图 2-28 所示。在库面板中选择元件，双击鼠标左键即可重新进入元件编辑模式，此时舞台中的元件会随之发生变化。

图2-26

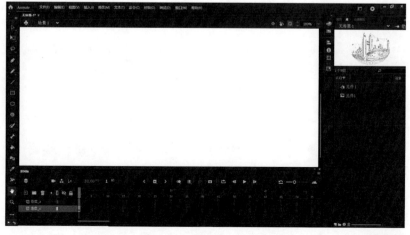

图2-27

选择舞台上已经绘制好的图形，然后对其执行"修改—转换为元件"命令，或者按下快捷键"F8"，在弹出的"转换为元件"对话框中单击"确定"按钮，将其转换为元件，如图 2-29 所示。此时，该元件会同步显示在库面板中，如图 2-30 所示。

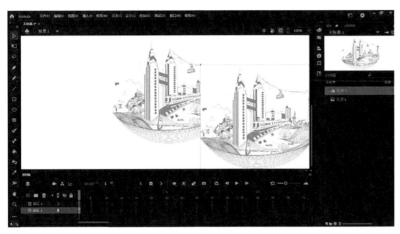

图2-28

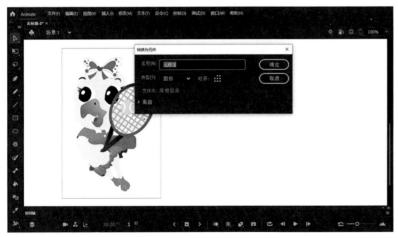

图2-29

图2-30

在对元件进行编辑时，场景上的元件会同步修改，二者是一种嵌套式的母子关系。

编辑元件的方式有两种：一种是在场景中直接使用鼠标双击元件，进入元件编辑模式进行修改；另一种是，在库面板中双击元件对其进行修改。元件编辑完成后，单击左上角"场景"或双击元件周围的空白区域返回场景编辑模式。

在 Animate 中，可以对元件的色彩、亮度等属性进行调整。首先，选择目标元件，然后在"属性"面板中打开"色彩效果"菜单，"样式"下拉列表中将出现无、亮度、色调、高级、Alpha 选项，如图 2-31 所示。

无：不对目标元件添加色彩效果。

亮度：对目标元件整体亮度进行调整，在亮度调节器中，数值越高亮度越强，反之则越弱。（图 2-32）

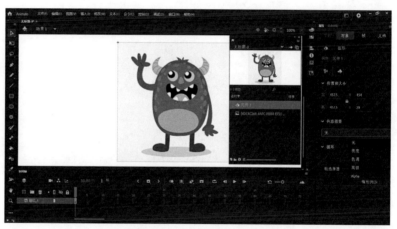

图 2-31

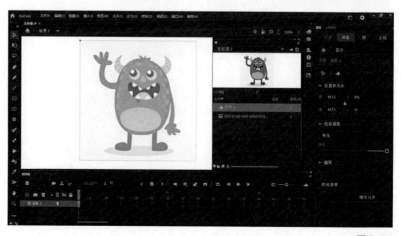

图 2-32

色调：对目标元件进行色调调整。选择该项后，面板中会出现色块，单击该色块，出现色调、红、蓝、绿四个调节杆，我们可根据需要进行调节，如图 2-33 所示。

高级：可以对目标元件的 Alpha、红、绿、蓝数值进行调整，每项均有两个参数，分别为百分比和偏移值，是调节参数最多的选项，如图 2-34 所示。

Alpha：用于调节元件的透明度，选择该项后，面板中会出现调节杆，数值越低元件就越透明，反之则越清晰。（图 2-35）

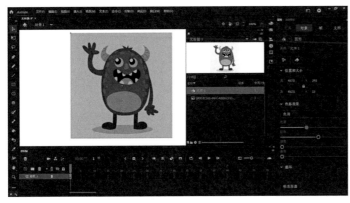

图 2-33

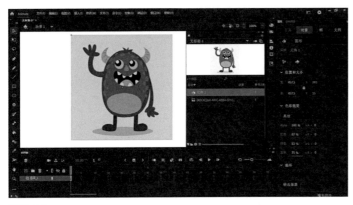

图 2-34

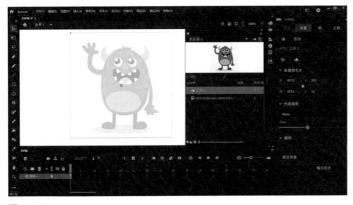

图 2-35

第三章
矢量图形的绘制

本章导读

本章主要讲解如何使用 Animate 软件绘制不同风格的矢量图形，包括简洁的手机 UI 图标和可爱有趣的动漫角色。

精彩看点

本章主要介绍通过使用各种绘图工具绘制和编辑不同的图形。

第一节 位图与矢量图

学习视频、源文件及输出文件

位图与矢量图各有各的优势，各有不同的用途。

位图也叫点阵图、栅格图，它是以"像素"对图形的相关信息进行储存的。位图所表现的图像往往真实感比较强，细节丰富，如照片。但因为它是以"像素"为储存单位，如果将位图放大到一定程度就会出现马赛克（图 3-1），再继续放大，马赛克会继续变大，直到一个像素占满整个窗口，变为单一的颜色。

与位图相对的是矢量图形，也叫作向量图。在 Animate 中绘制的图形都是矢量图。矢量图是以数字和数学算式计算并保存图形的角度、位置、尺寸等相关信息。矢量图往往色彩比较明朗，颜色之间的界限比较清晰。它与分辨率无关，不管是缩放还是旋转，都会保持原有的清晰度（图 3-2）。因此，矢量图是文字和线条图形的最佳选择，比如标志。

另外，矢量图还有一个优点，那就是文件较小。一般的线条图形和卡通图形是矢量图文件格式，比点阵图文件格式小得多，所以矢量图在网络上的运用非常广泛。

图 3-1

图 3-2

第二节 绘制手机 UI 图标

图形和色块是 Animate 绘图中的有两个重要元素。

一、绘制图形

先将界面工作区设置成自己常用的模式，执行"窗口—工作区—"命令。

图形绘制是动画制作的基础，只有绘制好了矢量图形，才可能制作出优秀的动画作品。下面，我们来绘制一个简洁的矢量图形——手机 UI 图标（视频播放器软件图标）。此图标的外观类似于拍摄影视作品时常用的打板器。

该图标外形为有一定透视感的倒角四边形。选择工具栏中的"矩形工具"，在属性面板"矩形选项"中将倒角数值设为 15，数值越大倒角幅度越大。为了便于观察，我们还可以将笔触线条颜色设置为红色，如图 3-3 所示。在工作区中拖拽出一个四边形，如图 3-4 所示。如果按住 Shift 键不放，绘制出来的矩形就是正方形。

单击"无填充"按钮，即可绘制一个无填充的四边形，如图 3-5 所示。选中四边形，然后点击"任意变形工具"产生中的"扭曲"按钮，如图 3-6 所示。我们可以分别拖拽四边形的四个顶点，使其产生透视感，如图 3-7 所示。"任意变形工具"主要用于对对象进行缩放、旋转、倾斜扭曲、封套等操作。

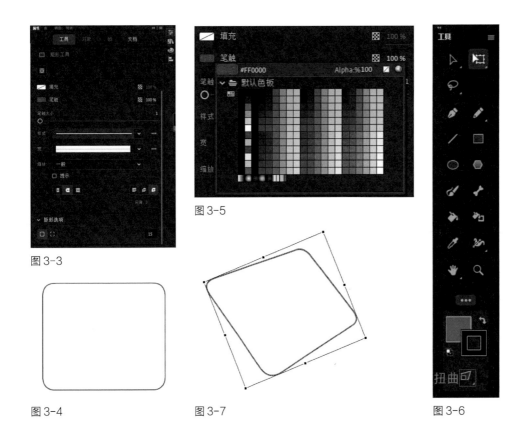

图 3-3

图 3-5

图 3-4

图 3-7

图 3-6

对四边形进行复制，将复制的四边形摆放在原图形的下面，如图 3-8 所示。在 Animate 中，在对象上双击鼠标左键即可将与对象相交的部分全部选中，按下 Shift 键双击鼠标左键则为反选。

"套索工具"的可以根据鼠标运行的轨迹绘制一个任意形状，在选取不规则图形时使用该工具非常方便。

使用"线条工具"对两个四边形进行连接，如图 3-9 所示。选择被遮挡部分的多余线条并按下"Delete"键进行删除，如图 3-10 所示。

使用"线条工具"绘制如图 3-11 所示的图形，绘制的时候尽量让线的端点超出线框一些，以保证图形完全封闭，便于后期填色。选择图形外超出的线并删除，如图 3-12 所示。

继续用直线画出如图 3-13 所示的"工"字形线条，然后画出边缘高光区域，如图 3-14 所示。

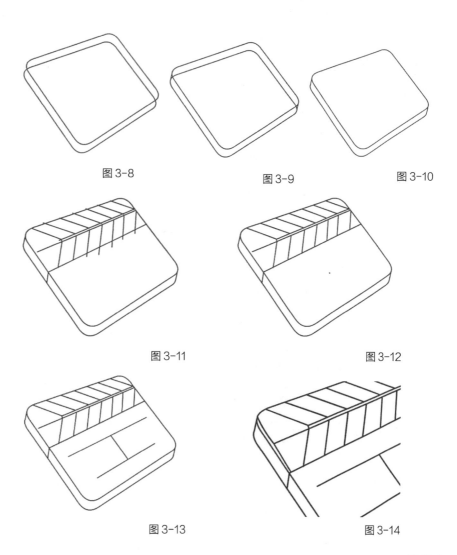

图 3-8   图 3-9   图 3-10

图 3-11   图 3-12

图 3-13   图 3-14

　　下面，绘制螺丝钉。螺丝钉的面积相对较小，在线的"属性"面板中将"笔触大小"设置为最小值，如图 3-15 所示。此时，螺丝钉的线则失去了粗细属性，对视图进行缩放时，其不会发生任何改变。

　　选择"椭圆工具"，按住 Shift 键不放，绘制一个正圆。然后，对其进行复制并缩小。再在小圆中间绘制两条直线，螺丝钉绘制完成，如图 3-16 所示。对螺丝钉进行复制并放置于如图 3-17 所示位置上。

　　接下来，绘制数字。一般来说，我们可以直接用"文本工具"输入文字和数字，但有时也需要手绘。

　　选择"多角星形工具"，在其属性面板中将"工具设置"的"边数"选项设置为"6"，如图 3-18 所示。单击鼠标左键绘制一个六边形，如图 3-19 所示。

图 3-15

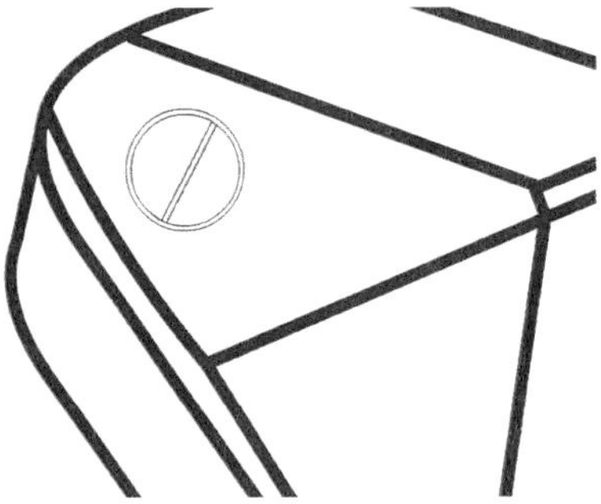

图 3-18

图 3-16

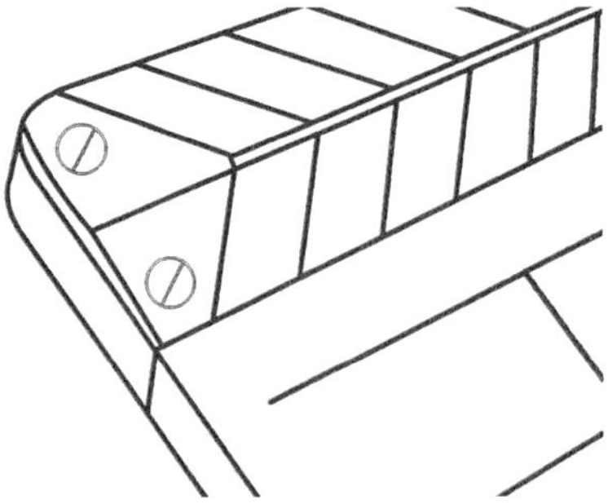

图 3-17

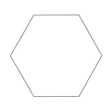

图 3-19

使用"任意变形工具"对六边形进行变形，并用"选择工具"分别向内移动左右两个端点，如图 3-20 所示。

此时，我们发现"选择工具"不但可以选择对象，也可以对图形的边缘线或顶点进行拖移，以改变图形的轮廓。

对六边形进行复制，将其拼接成数字"2"，如图 3-21 所示。复制数字 2，将其左下竖着的六边形移至右下得到数字"3"，如图 3-22 所示。再用相同方法拼出数字"9"和"5"，如图 3-23 所示。

使用"任意变形工具"对数字进行旋转并分别放置于"工"字形线条两侧，该图标的描线就绘制完成了，如图 3-24 所示。

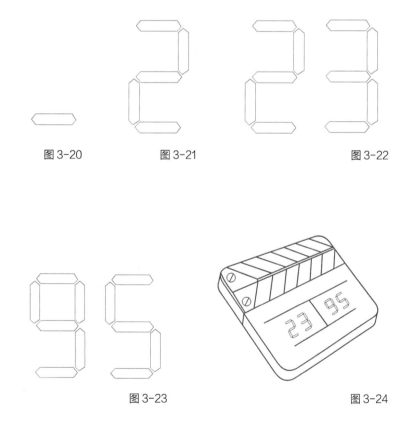

图 3-20   图 3-21   图 3-22

图 3-23   图 3-24

二、填充颜色

为了便于观察，我们可以右键单击场景背景，在弹出的下拉菜单中选择"文档"，在弹出的"文档设置"面板中将舞台颜色设置为浅蓝色（图 3-25）。

选择"颜料桶工具"，单击工具选项中的"空隙大小"按钮，它包含四个选项，如图 3-26 所示。

不封闭空隙：被填充区域必须完全封闭，否则无法填充。

封闭小空隙：允许被填充区域有很小的缺口。

封闭中等空隙：允许被填充区域有中等的缺口。

封闭大空隙：允许被填充区域有较大的缺口。

多数情况下，我们选择"封闭大空隙"选项，它可以对有较大空隙的未闭合图形进行填充。

接下来给图形填色。选择"颜料桶工具"，在"填充颜色"面板中选择白色和较浅的灰色对图形进行填充，图 3-27 所示。在如图 3-28 所示位置上填充浅灰色和中灰色。

图 3-25

图 3-26

图 3-27

图 3-28

打开"颜色"面板，选择"线性渐变"选项，在颜色滑块上单击鼠标左键，新增一个色指针。如果要删减色指针，直接将其向下拖移即可。色指针至少有 2 个，最多可以添加到 15 个。色指针数量及它们之间的距离和位置都会影响渐变效果。将这三个色指针设置为"灰-白-灰"，如图 3-29 所示。在图形底部单击并拖拽鼠标填充渐变色，如图 3-30 所示。渐变色的填充效果与鼠标拖拽的距离和方向密切相关，拖拽距离越长填充的颜色过渡越自然，拖拽距离越短颜色过渡越不自然。向什么方向拖拽，渐变色就向什么方向填充。

将色指针改为 2 个，分别设置为"中灰-深灰"，如图 3-31 所示。在图形侧上方单击并拖拽鼠标进行填充，如图 3-32 所示。

图 3-29

图 3-30

图 3-31

图 3-32

因为，螺丝钉是圆形的，应该为其添加一个由内向外的渐变色，先将"线性渐变"改为"径向渐变"，再将颜色滑块设置为"浅灰 – 中灰"渐变，如图 3-33 所示。然后，对螺丝钉进行填充，如图 3-34 所示。再对螺丝钉进行复制，并为其添加白色高光，如图 3-35 所示。

将数字填充上醒目的红色，如图 3-36 所示，使用"墨水瓶工具"将"工"字形的线填充上深蓝色，如图 3-37 所示。"墨水瓶工具"专用于控制线条或者形状轮廓的笔触颜色、宽度、样式等。

选中所有红色线条并删除，此时图标已跃然纸上，如图 3-38 所示。

图 3-33

图 3-34

图 3-35

图 3-36

图 3-37

图 3-38

三、绘制图标投影

单击"时间轴"面板上的"新建图层"按钮新建"图层2"，将"图层2"拖至"图层1"下方，如图3-39所示。

对"图层1"上的图形复制，并粘贴到"图层2"上，再将颜色改为深灰色，并且清除所有线条，如图3-40所示。

此时的投影边缘很硬朗，需要对其进行柔化。选择投影，对其执行"修改—形状—柔化填充边缘"命令，如图3-41所示。在弹出的"柔化填充边缘"对话框中将"距离"和"步长数"值设置为"12"和"9"，如图3-42所示。现在投影边缘被转化成9个逐次递减的柔化渐变，如图3-43所示。

对投影进行缩放并放置在合适的位置上，整个UI图标就绘制完成了，如图3-44所示。

图3-39

图3-40

图3-41

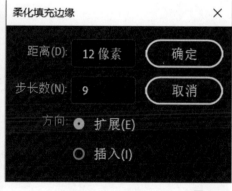

图3-42

图3-43

图3-44

第三节 绘制动漫角色

一、导入图片

下面，我们来学习如何绘制动漫角色。

首先，导入一张素材图，导入的素材可以是原创动漫角色手稿，也可以是网络参考图。导入外部素材的方式有两种，一种是通过执行"文件—导入—导入到舞台/导入到库"命令，另一种是直接将素材拖入 Animate 舞台中。

将素材导入工作区，使用"任意变形"工具对其进行缩放调整大小，如图 3-45 所示。任意变形工具可以对对象进行缩放、旋转、斜切、扭曲等操作。

现实生活中，我们拷贝图形的时候需要在打好的草稿上盖上一张干净的纸，然后在上层的纸上进行拷贝。单击"时间轴"面板的"新建图层"按钮新建图层，此时我们可以将新建的"图层 2"当作新的纸。为了避免在描绘图形时移动参照图，我们可以点击"锁定或解锁图层"按钮对"图层 1"上的底图进行锁定，如图 3-46 所示。

图 3-45

图 3-46

二、绘制线条

我们可以用一种特殊的方式完成角色头部线条的绘制。

使用"线条工具"绘制一条直线，如图 3-47 所示。继续完成多条直线的绘制，注意每条直线的两个端点要在角色头部的轮廓线上，如图 3-48 所示。

在 Animate 中，"选择工具"不但可以用于选取，还可用于改变图形外轮廓。这是 Animate 区别于其他绘图软件的一大特点，绘图时有着"所见即所得"的重要优势。

把鼠标放在轮廓边缘，光标显示为小弧线时，单击并拖动鼠标即可调整线条弧度和色块的位置，如图 3-49 所示。继续调整其余直线的弧度，使其贴近角色头部外形，如图 3-50 所示。

绘制前要预先设计好直线的数量和位置，线太少调试时曲率可能达不到要求，太多则需要处理更多的线段接头。线与线之间不要重合、交接，否则线与线之间会相互影响。线条绘制完成之后再对其进行连接。

绘制短直线并调适出下嘴唇，如图 3-51 所示。

在角色耳朵处绘制直线，并调整耳朵形状，如图 3-52、图 3-53 所示。

图 3-47

图 3-48

图 3-49

图 3-50

图 3-51

图 3-52

在犄角处绘制直线，并调整犄角形状，如图 3-54、图 3-55 所示。

因为角色鼻子（包括鼻上的高光）是椭圆形，我们可以直接使用"椭圆工具"进行绘制，如图 3-56 所示。对其进行旋转缩放并放置在合适的位置上，接下来绘制嘴部线条，如图 3-57 所示。

我们可以利用"钢笔工具"绘制平滑流畅的曲线。下面用"钢笔工具"绘制角色的眉毛。

单击鼠标左键创建一个锚点，再在另一处单击并拖动鼠标，此时出现曲线的切线手柄，拖动切线改变手柄的长度和角度，绘制出所需形状，如图 3-58 所示。

继续将眉毛剩余部分绘制完成，并使用相同方法绘制出另一个眉毛，如图 3-59 所示。

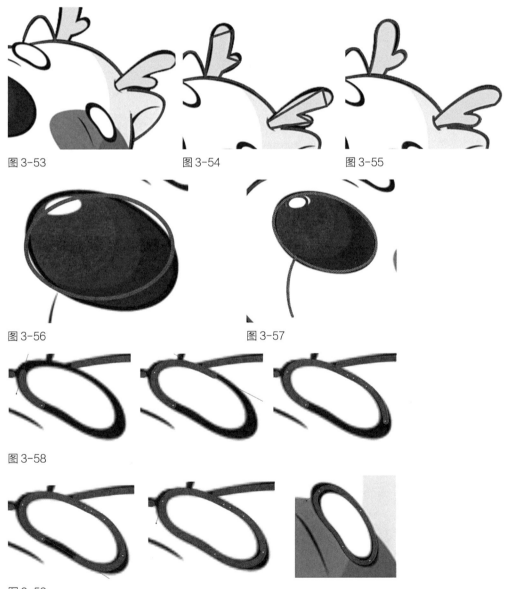

图 3-53   图 3-54   图 3-55

图 3-56   图 3-57

图 3-58

图 3-59

完成头部剩余部分线条（包括分色线）的绘制，如图 3-60 所示。

"画笔工具"可绘制自由线。用鼠标控制"画笔工具"相对较难，我们常常结合手绘板进行绘制。"画笔工具"有三种线条模式，如图 3-61 所示。

"伸直"模式：系统会对绘制出来的线条进行大幅度修改，使线条尽量趋于直线化或具有较大的弧度。

"平滑"模式：系统会对线条进行适度修改，使线条变得比较平滑柔和。其修正程度比"伸直"小。

"墨水"模式：不会对所画线条进行修正，系统会尽可能地捕捉鼠标运行的轨迹，绘制出有手绘效果的线条。

每种绘制模式都有自己的特点，我们要有针对性地选择不同的模式绘制角色的身体部分，如图 3-62 所示。

三、填充颜色

接下来，为角色填色颜色。先将"图层 1"解除锁定，并把底图移至一旁，如图 3-63 所示。

图 3-60

图 3-61

图 3-62

图 3-63

为了便于观察，我们把角色的线条改为黑色。框选角色形状，再点选线条颜色属性将其设置为黑色，如图 3-64 所示。

选择"吸管工具"，选取底图角色的鼻头部分的颜色，再点击左边图形的鼻头进行填充，如图 3-65 所示。

继续使用"吸管工具"，对角色进行填充，注意也要对头和身体部位的白色部分进行填充，如图 3-66 所示。

选择并删除多余的分色线。至此，整个卡通角色就绘制完成了，如图 3-67 所示。

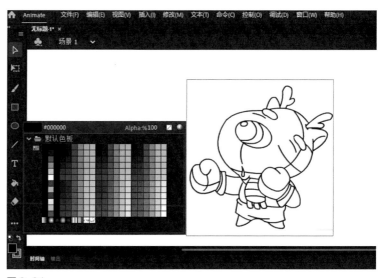

图 3-64

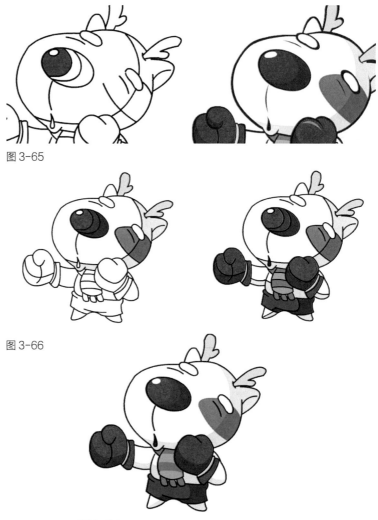

图 3-65

图 3-66

图 3-67

第四章
帧的属性与逐帧动画制作

本章导读

本章主要了解帧的属性和逐帧动画的基本特点，学习运用"洋葱皮"效果观察与调整各帧之间的位置关系与角色动态造型，以制作出流畅生动的动画效果。

精彩看点

通过学习，我们可以充分利用动画的运动规律在 Animate 中制作流畅生动的角色动画。

第一节 帧的属性

学习视频、源文件及输出文件

一、帧的类型

所有动画都是由帧构成的，帧是构成 Animate 动画的基本单位，就像电影胶片里的影格一样，一帧就是一格。我们在工作区编辑的一帧帧画面连续播放即是动画。而排列这些帧的地方是时间轴。通常情况下，电影播放字式为每秒钟 24 帧，一帧的时间即 $\frac{1}{24}$ 秒。制作者若想让动画运行的时间变得更长，就需要在时间轴上添加额外的帧。

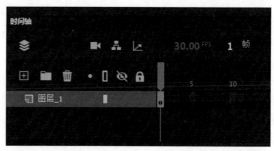

图 4-1

在 Animate 中，帧有下面几种类型：

关键帧是所有帧的基础，是指舞台上角色或物体运动变化中关键动作所处的那一帧。只有关键帧是我们在"舞台"上直接编辑的帧，其他帧都是关键帧的过渡帧或中间帧。关键帧显示为黑色实心圆点的灰色方格。空白关键帧则是没有任何内容的关键帧，显示为空心圆点白色方格（图 4-1、图 4-2）。

图 4-2

关键帧向后的灰色延续帧为普通帧或静止帧。静止帧的画面会与关键帧保持一致。每个关键帧的最后静止帧上都有一个小方形，表示此帧是关键帧延续的最后一帧（图4-3）。

如果在两个帧之间创建了传统补间动画，那么这两个关键帧之间会出现一个浅紫色的过渡帧。过渡帧颜色为浅紫色，从前到后像一支小箭头（图4-4）。

二、帧的操作

制作动画必定会涉及帧的编辑。下面，我们来了解一下关于帧的一些主要操作方式。

1. 插入帧

首先，在指定图层中选择目标帧数，可以拖动下方滚动条来展开时间轴帧，以便更准确地选取所需帧数（图4-5）。执行"插入—时间轴—帧"命令，如图4-6所示。也可以单击鼠标右键，在弹出的下拉菜单中选择"插入帧"，如图4-7所示。操作完成后"时间轴"面板中将添加新增的帧，如图4-8所示。

单击鼠标左键并配合 Shift 键即可选取时间轴上的多个帧。若需要在多个图层中都插入帧，则可以按 Shift 键，将鼠标移至预期位置，然后执行"插入—时间轴—帧"命令，如图4-9所示，也可以直接按住 Shift 键选取已有帧将其拖动至添加位置，如图4-10所示。

图 4-3

图 4-4

图 4-5

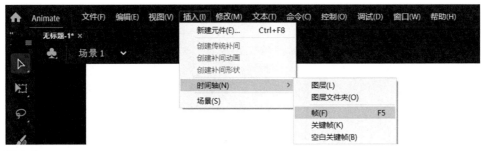

图 4-6

图 4-7

图 4-8

图 4-9

图 4-10

051

2. 创建关键帧

在"时间轴"面板
上任意一时间点按下快
捷键"F6"即可创建一
个关键帧，如图 4-11
所示。此关键帧里的内
容与其同图层前一个关
键帧的内容是相同的，
也就是说新增的关键帧
会自动继承前一个关键
帧的"舞台"内容。

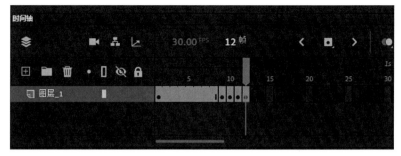

图 4-11

3. 创建空白关键帧

在"时间轴"面板
上任意一时间点按下快
捷键"F7"或在"时间轴"
面板上点击鼠标右键，
在弹出的下拉列表中选
择"插入空白关键帧"
即可创建空白关键帧，
如图 4-12 所示。空白
关键帧的"舞台"没有
任何内容，如图 4-13
所示。

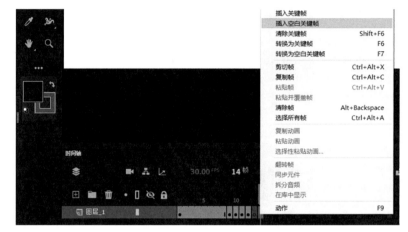

图 4-12

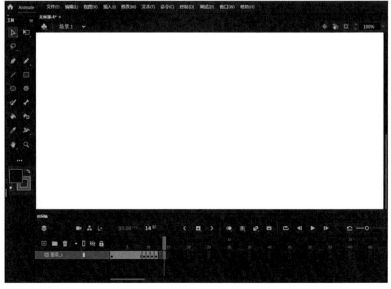

图 4-13

4. 添加静止帧

按下快捷键"F5"可以添加静止帧,即前一个关键帧内容的延续,如图 4-14 所示。按多少次就延长多少帧,长按则持续延长。

5. 删除帧

点选"时间轴"面板的某一图层,向后拖动鼠标框选多个帧,然后点击鼠标右键,在弹出菜单中选择"删除帧",即可删除所选取的一个帧或多个帧(图 4-15)。

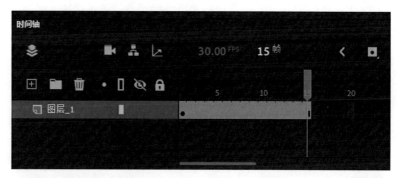

图 4-14

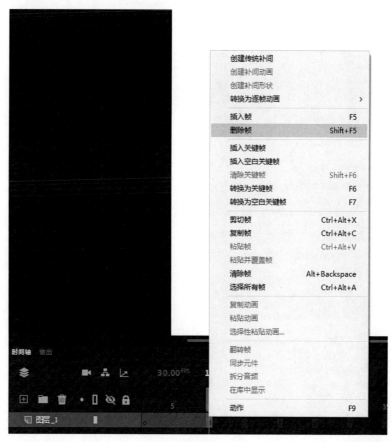

图 4-15

按下"Shift+F5"快捷键可以删除帧，长按则可以连续删除多个帧。

6. 清除帧

其快捷键为"Alt+Backspace"。清除帧与删除帧的效果是不一样的。清除后总帧数不变，但清除的帧变为了空白帧（图4-16）。

7. 清除关键帧

其快捷键与清除帧一样。清除关键帧后，帧总数不会发生改变，但此关键帧所管辖的静止帧会变为空白（图4-17）。

8. 复制与粘贴帧

选择需要复制的一个或多个帧，单击鼠标右键，在弹出的菜单中选择"复制帧"选项即可对此帧信息进行复制（图4-18）。

在"时间轴"面板上选择需要粘贴帧的位置，单击鼠标右键，在弹出的菜单中选择"粘贴帧"，即可将之前的帧信息粘贴到当前位置（图4-19）。

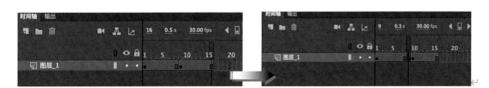

图 4-16

图 4-17

图 4-18

图 4-19

9. 移动帧

如果要移动单个帧，可以先选中此帧，然后按下鼠标左键，并拖动到相应位置。如果需要移动多个帧，同样也是使用此方法（图4-20）。

10. 翻转帧

翻转帧的作用是使帧按照相反的顺序排列，颠倒帧的序列，即第一帧变为最后一帧，最后一帧变为第一帧，并不是帧的内容在平面方向上的翻转。方法是选择一段帧，然后点击鼠标右键，在弹出的菜单中执行"翻转帧"命令，即可完成帧顺序的颠倒（图4-21）。

第二节 逐帧动画——小鸡啄米

逐帧动画也被称为帧帧动画，是通过建立多个相对比较密集又而有所区别的关键帧，然后进行连续播放的动画方式（图4-22），这是二维动画的基本原理。要让一个对象运动，最原始而又最有效的方法就是连续不断地绘制或是改变画面。

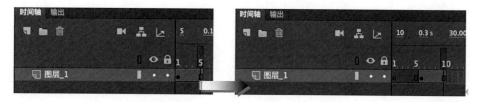

图 4-20

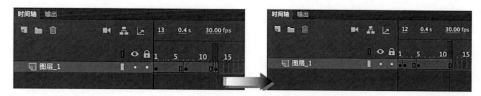

图 4-21

图 4-22

一、绘制角色并成组

下面我们用 Animate 来制作一个逐帧动画案例——小鸡啄米。

运用"椭圆工具"在舞台中央绘制一个正圆形作为角色的身体,将其全部框选并按下快捷键"Ctrl+G"进行群组(图 4-23)。

此时圆形周围多了一个蓝色的方框,当我们框选部分图形的时候选到的将是整个图形,也就是说成组后图形成为一个被锁定保护的整体,不仅方便我们选取图形,还有利于我们对场景内的元素进行管理。如果想使它恢复非整体的状态,按下快捷键"Ctrl+B"即可。

复制整个圆形并对其进行缩放,与大圆相切作为角色的眼睛(图 4-24)。

绘制出角色的脚,并对其群组。在图形上方使用其他颜色的线进行封闭操作以便填色(图 4-25)。用相同方法绘制出小鸡的嘴、翅膀、鸡冠、尾巴等部分(图 4-26)。

完成后分别对各部分进行群组(图 4-27)。

接下来,对各部分图形进行填色。由于此时各部分都已处于成组的状态,所以需要进入各个组进行填色。

使用鼠标双击"鸡冠",进入该组对图形进行编辑,此时组外的其他部分则显示灰色,为不可编辑状态。选择红色对"鸡冠"进行填充(图 4-28)。双击图形外任何地方即可返回场景。

用相同的方法逐一对其他部分进行填充(图 4-29)。

填充好颜色之后删除用来封闭图形的多余红色线条。制作过程中,各组的上下遮挡关系可能有误差,可以框选相应图形并按下快捷键"Ctrl+↑"或"Ctrl+↓"进行调整(图 4-30)。

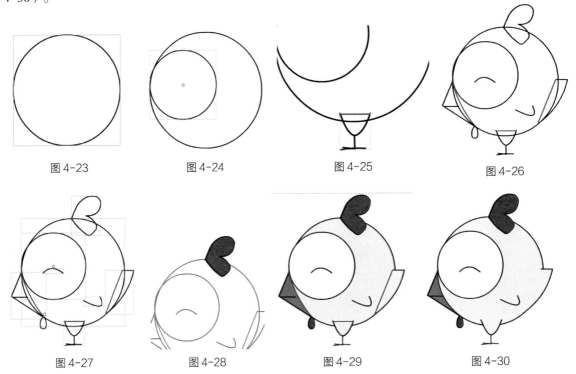

图 4-23   图 4-24   图 4-25   图 4-26

图 4-27   图 4-28   图 4-29   图 4-30

二、制作小鸡啄米的逐帧动画

小鸡的常态动作绘制完成后，开始绘制低头啄米的动态效果。

在"时间轴"面板第二帧的位置，按下"F6"创建一个关键帧（图4-31）。

在第二帧的位置，选择小鸡的脚以外的其他部分，使用"任意变形工具"对其进行逆时针旋转，并适当倾斜一定的角度，模拟二维动画中常见的惯性运动效果（图4-32）。

在小鸡嘴、鸡冠、尾巴等位置添加运动辅助线（图4-33）。

回到第一帧的位置，将常态下的小鸡向后旋转并倾斜一定角度，得到一个微微仰起的初始动作（图4-34）。

进入此帧嘴部组合中，将嘴改为张开的状态，再进入眼睛的组合，将眼睛的弯线改为小圆点（图4-35）。

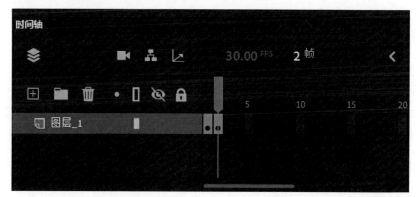

图 4-31

图 4-32

图 4-33

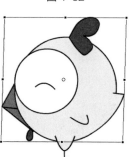

图 4-34

图 4-35

按下"Enter"键播放当前动画，小鸡啄米是一个连续循环的动作，执行"控制—循环播放"命令循环播放动画（图 4-36）。

由于时间轴上只有两帧，所以播放的速度非常快。我们可以通过添加静止帧的方式来延长画面停留的时间，分别在第一和第二个关键帧上连按三次快捷键"F5"，使之前每个动作由停留一帧延长至停留四帧。

现在角色运动的速度比较合理了，但由于画面较少，动画效果还有些生硬，我们需要在两个关键帧之间再添加一个关键帧，绘制一个中间画。

在第 6 帧的位置按下快捷键"F6"创建一个新的关键帧，此时其画面内容与第 5 帧相同。接下来，在第 5 帧的位置将鸡冠向后旋转，嘴下的肉垂向前方旋转，再对其进行左右倾斜，模拟运动中最为强烈的状态（图 4-37）。

在小鸡嘴、鸡冠、尾巴等部位添加运动辅助线（图 4-38）。

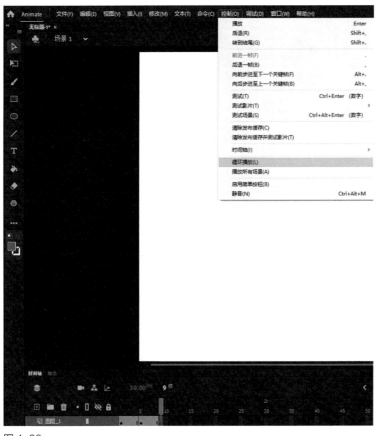

图 4-36

图 4-37

图 4-38

通过观察，当前动画画面由微微仰头的初始动作、快速向下的中间动作与嘴接触地面的动作这三个关键帧组成。显然，画面只有向下的过程而缺乏回拢的过程。

回拢的过程其实就是快速向下的中间动作，该动作可以通过复制获得。我们在第二个关键帧位置点击鼠标右键，在弹出的菜单中选择"复制帧"选项，再在最后一帧的位置点击鼠标右键，在弹出的菜单中选择"粘贴帧"选项（图4-39）。

三、运用"洋葱皮"效果观察与调整

制作逐帧动画时，我们可以点击时间轴下方的"绘图纸外观"工具进行观察，这样就可以看到每一个关键帧具体的形状和运动轨迹，以便于我们对动画进行调整。

1.绘图纸外观

单击该按钮，时间轴标题上将出现一个范围，舞台上还会出现该范围内元件的半透明移动轨迹，如果想增减或更改绘图纸标记所包含的帧数量，可以选择并拖动绘图纸标记两侧的起点和终点处的手柄。

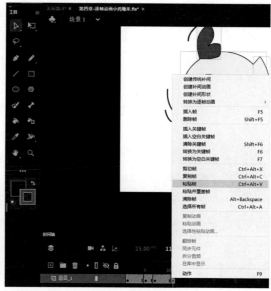

图4-39

当使用绘图纸外观功能时，位于绘图纸标记内的帧的内容将由深入浅地显示出来，当前帧的内容将正常显示，颜色最深。

在这些轨迹中，除当前播放头所在关键帧内的元素可以移动和编辑以外，其他轨迹图像都不可编辑（图4-40）。

2. 编辑多个帧

点击该按钮后，舞台上会显示包含在绘图纸标记内的关键帧，与使用"绘图纸外观"功能不同，使用"编辑多个帧"功能后，我们可以对舞台上显示的多个关键帧进行选择和编辑，并不限于当前帧（图4-41）。

最后，根据实际速度和节奏对帧数进行调整（图4-42）。

至此，由四个关键帧构成的完整逐帧动画就制作完成了。

图 4-40

图 4-41

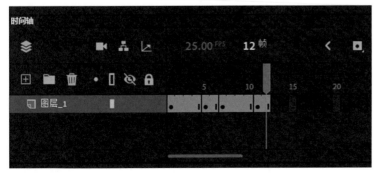

图 4-42

　　这个案例中的角色动作虽然发生了改变，但我们可以通过使用群组操控的方式对部件进行调整，大大提高了工作效率。

第三节 测试影片

　　动画制作完成后，要对其进行发布测试，将作品变为影片文件格式。执行"控制—测试影片—在 Animate 中"命令，或者按下快捷键"Ctrl+Enter"进行影片测试（图 4-43）。

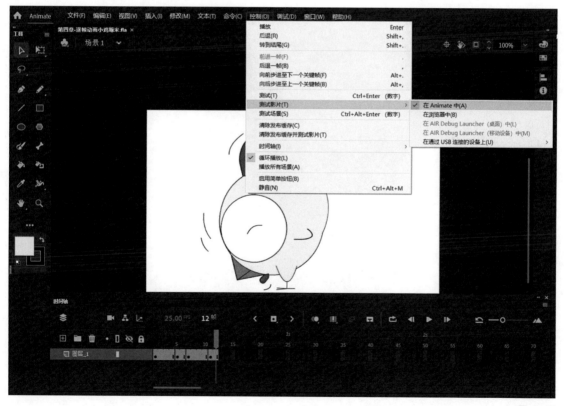

图 4-43

我们注意到，Animate 制作的工程文件的默认后缀为 .fla。
测试影片之后，会在与原工程文件相同的保存目录下生成一个
swf 格式的同名新文件，如图 4-44 所示。

swf 文件是 Animate 软件自身特有的格式，它的文件量极小，
还能播放制作时设计的动画效果且具有交互功能，被广泛应用
于网页设计、动画制作等领域。其普及程度高，适用性强，绝
大多数的网络用户都可以读取，此文件格式还可以用多种视频
软件播放。

图 4-44

第五章
形状补间动画与传统补间动画

本章导读

了解形状补间动画和传统补间动画的主要功能，并掌握补间动画的基本制作方法。

精彩看点

使用 AnImate 制作形状补间动画时，不同的图形会产生奇妙的渐变。

在 Animate 中，两个关键帧之间可以创建一个"补间动画"，以实现图形的运动。插入补间动画后计算机自动运算得到两个关键帧之间的渐变帧。

第一节 形状补间动画

学习视频、源文件及输出文件

一、轮船变摩天轮

形状补间是所选关键帧中的图形在形状、色彩等方面发生变化的动态效果，即由一个物体变化到另一个物体。形状补间动画的操作对象必须是非成组状态下的图形元素，即用户使用绘图工具直接绘制出来的图形，不能对组或者元件进行编辑。

接下来，我们制作一个从"轮船"变为"摩天轮"的形状补间动画。首先新建一个文件，在第一帧的舞台中央绘制一艘轮船，如图 5-1 所示。

图 5-1

063

选择时间轴上的第 30 帧，按下快捷键"F7"插入一个空白关键帧，再在舞台中央绘制摩天轮，如图 5-2 所示。

在时间轴上，选择第 1 帧到第 29 帧之间的任意一帧，单击鼠标右键在弹出的菜单中执行"创建补间形状"命令，完成形状补间动画的制作，如图 5-3 所示。

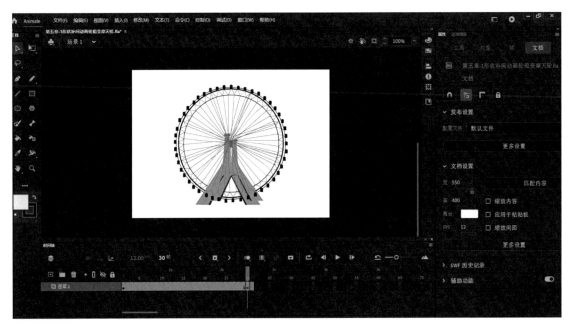

图 5-2

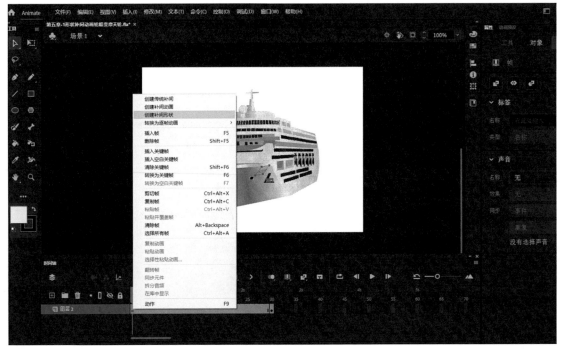

图 5-3

　　播放动画，轮船渐渐变成了摩天轮，时间轴上的第 1 帧、第 5 帧、第 10 帧、第 15 帧、第 20 帧、第 25 帧、第 30 帧如图 5-4 所示。

二、添加形状提示

　　形状动画只能比较简单随机地完成形状的渐变，较复杂的图形虽然也能生成中间帧，但效果往往不太理想。在这种情况下，我们需要给电脑下一些指令，使它实现中间帧的过渡。软件中的"添加形状提示"功能可以在一定程度上纠正和调整变化的效果，接近我们所预期的效果。

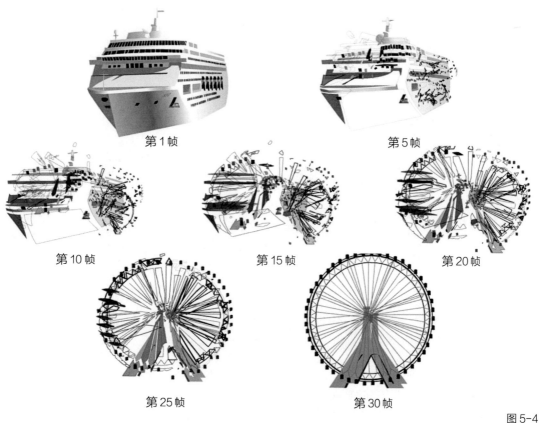

第 1 帧　　　　　　　　　　第 5 帧

第 10 帧　　　　　　第 15 帧　　　　　　第 20 帧

第 25 帧　　　　　　第 30 帧

图 5-4

新建一个文件，使用"直线工具"在第 1 帧的舞台中央绘制出人头部侧面轮廓。再在时间轴第 20 帧，按下快捷键"F7"插入一个空白关键帧，用相同的方法在舞台中央绘制出狗的头部侧面轮廓，如图 5-5 所示。

注意绘制的线条要流畅，无多余的接头和接缝。

在时间轴上选择第 1 帧到第 20 帧之间的任意一帧，点击鼠标右键，在弹出的菜单中执行"创建补间形状"命令，完成形状补间动画的制作。

通过观察可以看出，时间轴上的第 5 帧、第 10 帧、第 15 帧线条渐变的过程是无序的，令人不太满意，如图 5-6 所示。

这时，使用"变形提示功能"就可以在一定程度上让过渡动画按照我们的预期发生变化。选择第一帧，执行"修改—形状—添加形状提示"命令，如图 5-7 所示。场景中出现了一个"●"。

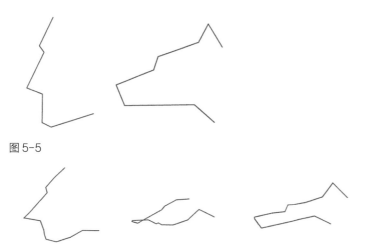

图 5-5

图 5-6

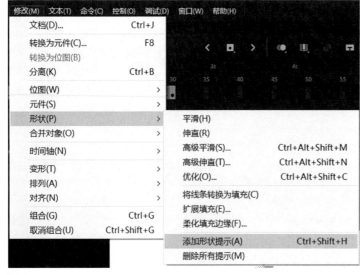

图 5-7

将"⬤"拖至线的顶端，如图 5-8 所示。再将最后一帧上的"⬤"拖至线条的顶端，如图 5-9 所示，此时"⬤"变成了绿色。

继续在第一帧位置执行"修改—形状—添加形状提示"命令，生成一个新的提示点"ⓑ"，将"ⓑ"拖至线的底端。再将最后一帧上的"ⓑ"也拖至线条的底端，如图 5-10 所示。

此时，再观察时间轴的第 1 帧、第 5 帧、第 10 帧、第 15 帧、第 20 帧上的图形，可以看出线条渐变的过程已发生了变化，人顶端变为狗的顶端，人底端变为狗的底端，比较符合我们的设计要求，如图 5-11 所示。

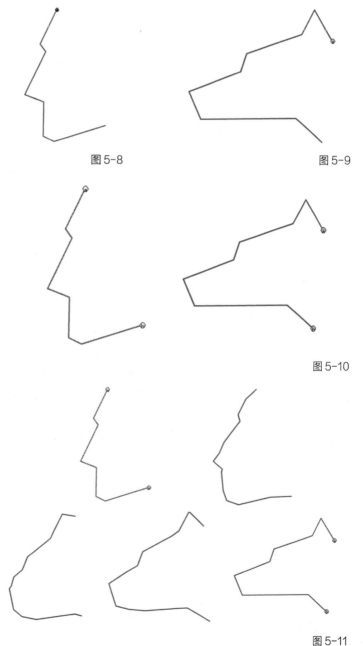

图 5-8　　　　　　　　　　　　　　　　　图 5-9

图 5-10

图 5-11

由此可以看出，"添加形状提示"可以对形状补间动画的变化过程进行干预和控制，使之更为合理有序。

但同时我们要知道，"添加形状提示"并不是万能的，越复杂的图形越难以控制，在制作和编辑的过程中也往往容易出现失误。所以，形状补间动画通常用于特殊的视觉效果设计，而极少用于复杂的角色动画。

三、删除形状提示

单个形状提示的删除方法：在形状提示上单击鼠标右键，在弹出的菜单中执行"删除提示"命令，如图 5-12 所示。

多个形状提示的删除方法：在形状提示上单击鼠标右键，在弹出的菜单中执行"删除所有提示"命令。或者在菜单栏中执行"修改—外形—删除所有提示"命令，如图 5-13 所示。

添加提示	Ctrl+Shift+H
删除提示	
删除所有提示(M)	
✓ 显示提示	Ctrl+Alt+I

图 5-12

图 5-13

第二节 传统补间动画

传统补间动画是指在时间轴的一个图层中，创建两个关键帧，分别给两个关键帧设置不同的位置、大小、角度等，再在两个关键帧之间创建传统补间动画。它能够使元件进行位移、缩放、旋转、翻转、改变透明度、色彩变化等动态变化。简单来说，就是物体由一个状态变为另一个状态，但外轮廓不发生变化。

现在，我们用传统补间动画的方式来制作小车行驶的动画。此动画主要由两个运动部分组成：一是小车车轮的转动，二是整车在道路上的水平移动。这两个部分我们都将用传统补间动画的方式来进行制作。

一、制作车轮自转

新建一个文件，在"属性"面板中将文件像素设置为宽600、高450，帧速率设置为"24"帧每秒，如图5-14所示。

按下快捷键"F11"打开"库"面板。"库"是用来创建、储存"元件"的。"库"之于"场景"，就像"后台"之于"舞台"。前者是用来排练、预演、整理的地方，后者是用来合演、展出、发布的地方。

图 5-14

  点击"库"面板下方"新建元件"按钮，如图 5-15 所示，在弹出的对话框中将元件名称设置为"车身"，类型设置为"图形"，如图 5-16 所示。

  "元件"即为"组件"，是整个动画的组成元素，就像是一个个小的"化妆间"和"排练室"，各种元素在里面演练好后于场景展示发布。重复使用元件，还可以提高工作效率。

图 5-15

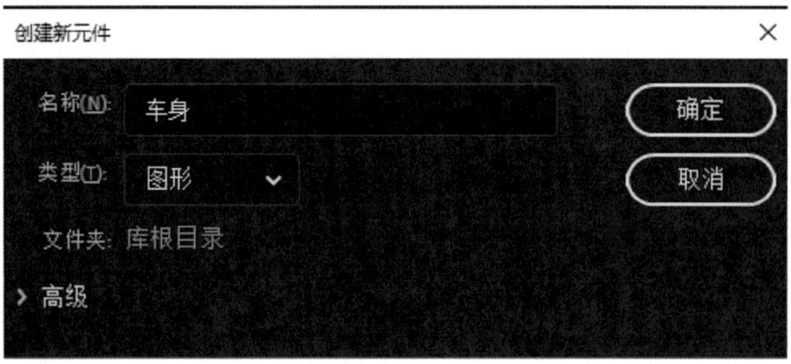

图 5-16

在"车身"元件中绘制车身部分，并填充上颜色，如图 5-17 所示。

接下来，新建"车轮"元件，并在此元件中绘制车轮。由于车轮是正圆形，为了在其自转时便于观察，要在车轮中间绘制一些细节，如图 5-18 所示。

新建元件，将其命名为"车轮转动"，如图 5-19 所示。把刚才绘制的"车轮"元件拖进来。在时间轴第 25 帧位置按下快捷键"F6"创建一个关键帧，在第 1 帧至24 帧之间任意一帧点击鼠标右键，在弹出的菜单中执行"创建传统补间"命令，如图 5-20 所示。车轮补间动画创建完成。

点击时间轴第 1 帧，在"属性"面板中选择"补间—旋转—顺时针"，如图 5-21所示。再播放动画进行观察，此时车轮正好自转了一周。

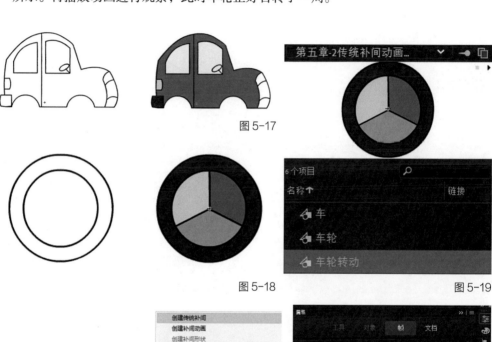

图 5-17

图 5-18　　　　　　　　　　　　　　　图 5-19

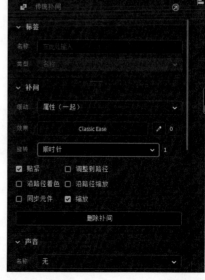

图 5-20　　　　　　　　　　　　　　　图 5-21

071

二、拼装汽车

接下来，对车身和车轮进行拼装。新建元件，将其命名为"车"。将图层重新命名为"车身"，把"车身"元件拖拽到图层上，如图 5-22 所示。

新建图层将其命名为"车轮"，把"车轮转动"元件拖拽到图层上，缩放至合适的大小并放至在车身下方，再对轮胎进行复制，如图 5-23 所示。注意此处不要误拖成"车轮"元件。前者是动态的，后者是静态的。

新建图层，将其命名为"影子"，将其拖至"车身"图层下方。绘制一个椭圆形，在"颜色"面板中选取灰色并将"A"（Alpha，透明度）调整为"29"，如图 5-24 所示。将椭圆放至车底，如图 5-25 所示。

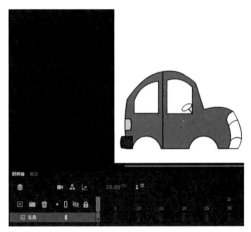

图 5-22

图 5-23

图 5-24

图 5-25

由于当前元件只有一帧，所以无法播放动画。我们在制作"车轮转动"元件的时候，车轮一次自转的帧数为25，所以此时也需要将元件延长至相同的帧数。在第一帧上按下快捷键"F5"延长至25帧，并按下快捷键"Enter"播放动画，可以看到车轮转动了起来，如图5-26所示。此时，一辆原地行驶的汽车就制作完成了。

三、绘制背景

接下来，绘制背景和其他道具。

新建元件，将其命名为"道路"，用"矩形工具"和"多边形工具"绘制出有斑马线的道路并进行填充，如图5-27所示。新建元件"楼房"，用"矩形工具"绘制出楼房并进行填充，如图5-28所示。

图 5-26

图 5-27

图 5-28

回到"场景1"工作区，把元件道路、楼房拖拽至舞台上，并缩放至合适的大小，将该图层重命名为"背景"，如图5-29所示。在动画制作过程中，我们要应养成良好的习惯，适时地为新图层命名，这样做可以帮助我们快速找到相应的图层和内容，越复杂的动画越需要良好的管理。

在调试图形大小和位置的时候，图形之间或者与舞台边框之间往往相互遮挡。为了便于观察和选择，我们可以点击时间轴图层区域右上方的"所有图层显示为轮廓"按钮，如图5-30所示，使该场景只以线条外轮廓模式显示，如图5-31所示。当然，此命令也可以单独只针对某一层或几层，再次点击"将所有图层显示为轮廓"按钮即可恢复原始状态。

图 5-29

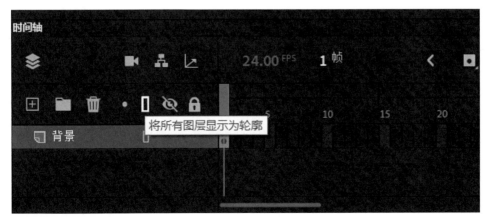

图 5-30

四、制作汽车行驶补间动画

将已经做好的汽车放至场景中，制作从左向右行驶的传统补间动画。注意，制作传统补间动画的补间对象必须在一个单独的图层，所以要为汽车元件新建一个图层。

新建图层并将其命名为"汽车"，选择元件"车"，将其拖入场景中，如图5-32所示。汽车相较于街道背景显得有些大，使用"任意变形工具"，将其缩放至合适大小，并放置到场景的最左边，如图5-33所示。

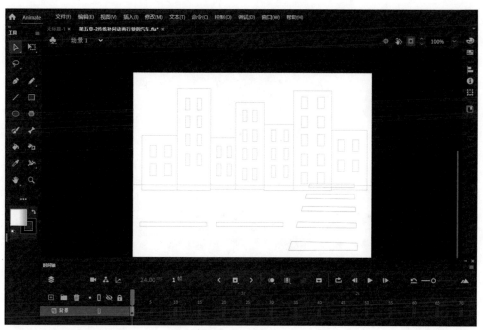

图 5-31

图 5-32

图 5-33

075

　　我们预估汽车从左向右行驶的时间长度为 3 秒，当前 Animate 帧速率为每秒 25 帧，也就是说需要 75 帧画面。选择"汽车"图层时间轴的第 75 帧，按下快捷键"F6"创建一个关键帧，如图 5-34 所示。选择"背景"图层时间轴的第 75 帧位置，按下快捷键"F5"添加静止帧，如图 5-35 所示。

　　选择汽车图层时间轴第 1 帧至第 74 帧之间的任意帧，单击鼠标右键，在弹出的菜单中选择"创建传统补间"，如图 5-36 所示。再将第 75 帧处的汽车拖放至场景的最右边，如图 5-37 所示。值得一提的是，可以先创建传统补间，也可以先拖放文件位置，最终的动画效果是一样的。

　　播放动画我们可以看到，汽车已经发生了从左侧入画，向右侧行驶至出画的位移。但目前行驶的速度较慢，我们可以通过对汽车图层所在帧进行编辑来改变其行驶速度。鼠标点击汽车图层时间轴第 75 帧不放，向左边拖拽至第 55 帧，如图 5-38 所示。

图 5-34

图 5-35

图 5-36

现在，汽车从左向右只用了 2.3 秒。按下"Enter"键，再次播放并观察动画，汽车行驶的速度变快了。需要注意的是，鼠标只能拖动关键帧，普通帧则不可以。

一辆汽车行驶在路上多少有些孤单，我们在道路的另一侧添加一辆对向行驶的汽车。新建图层，将其命名为"汽车2"。点击该图层的空白帧，将"库"中的元件"车"再次拖入场景中。由于该车处于画面更远处，所以应该对其进行缩放并放置于画面最右侧。

接下来，需要调转"汽车"的车头，选中汽车对其执行"修改—变形—水平翻转"命令，如图 5–39 所示。这样，汽车便产生了镜像效果。如果需要上下翻转，则执行"垂直翻转"命令。

图 5-37

图 5-38

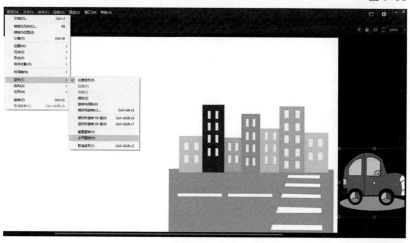

图 5-39

现在创建"汽车 2"从右向左行驶的补间动画。由于它处于画面更远处，行驶速度应相对慢一些，即比前车的帧数多一些。在第 70 帧处创建关键帧，在该帧处将"汽车 2"放置于画面最左侧。在第 1 帧至第 69 帧之间任意一帧处单击鼠标右键在弹出的菜单中执行"创建传统补间"命令，如图 5-40 所示。

按下"Enter"键播放动画，我们会发现当两车交会时，远处的车遮挡住了近处的车，这显然违背了人类最基本的认知和视觉经验，如图 5-41 所示。这种情形是由于图层"汽车 2"位于图层"汽车"的上方造成的。选择图层"汽车"并将其拖拽至"汽车 2"上方，对其进行调整，效果如图 5-42 所示。

图 5-40

图 5-41

图 5-42

再次提醒，在制作过程中，初学者可能会遇到传统补间动画时间轴上的箭头显示为虚线的情况，如图 5-43 所示。这意味着传统补间动画创建失败，电脑无法计算生成补间画面。

失败原因主要有两种：一是传统补间的创建对象不是元件，二是在同一个图层中放置了两个及以上的传统补间对象。在制作过程中有效避免这两个问题则可以成功创建传统补间动画。

至此，两辆汽车相向行驶的动画就制作完成了。按下快捷键"Ctrl+Enter"生成 swf 格式的文件，如图 5-44 所示。

图 5-43

第五章-2传统补间动画，行驶的汽车.swf

图 5-44

第六章
引导线动画与遮罩动画

本章导读

　　引导线动画和遮罩动画是传统补间动画的重要补充和拓展，许多生动的动画效果都运用了引导线或者遮罩技术。

精彩看点

　　本章我们将运用引导线生动形象地模拟出现实生活中物体的运行轨迹和运动规律，运用遮罩技术制作出神奇的动画特效。

第一节 弹跳的小球

　　一般情况下，传统补间动画中图形的移动轨迹为直线，例如前一章中直线行驶的汽车。生活中我们时常会遇到曲线位移或者不规则位移的对象，这时就需要用一根特殊的引导线来引导图形的位移轨迹了。本节将使用连续抛物线来引导小球的运行轨迹。

一、创建小球

　　使用"椭圆工具"在场景中绘制一个正圆，并为其填充上一个"灰—白"渐变，以模拟球体的受光情况。打开"颜色"面板，选择"径向渐变"模式。在颜色条上添加两个滑块，再分别为每个滑块指定颜色，使预览渐变色条呈现为"亮—暗—灰"的效果，如图6-1所示。"亮"即是球体的高光，"暗"即为球体的暗部，"灰"则为球体的反光。

　　选择"颜料桶工具"为小球填充颜色，填充的时候需要注意点击小球的高光位置，点击位置不同填充的效果也不一样。删除小球的外轮廓线，

图6-1

图6-2

如图 6-2 所示。

在前面章节中，我们采用了先新建元件再在元件中绘图的方式。现在，我们可以运用另外一种方式制作元件——将小球转换为元件。选择小球，点击鼠标右键，在弹出的菜单中执行"转换为元件"命令，如图 6-3 所示，将该元件命名为"小球"。此时，"库"面板中便出现了一个名为"小球"的元件，如图 6-4 所示。

图 6-3

学习视频、源文件及输出文件

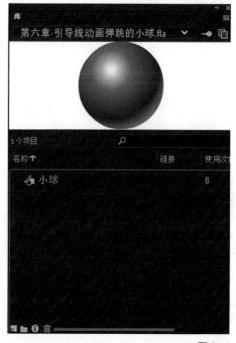

图 6-4

图 6-5

二、制作引导线动画

我们预计小球跳动的时长大约为3秒。将图层一命名为"小球"，选择该图层时间轴的第70帧，按下快捷键"F6"创建关键帧，并创建传统补间动画，如图6-5所示。此时的小球还没有发生任何变化，就算改变它的位置也只能做直线运动。

接下来，我们要绘制一根引导线来引导小球的运行轨迹。在小球图层上单击鼠标右键，并在弹出的菜单中执行"添加传统运动引导层"命令，如图 6-6 所示。

此时小球图层的上方出现了一个新的图层，通过观察发现，该图层与"小球"图层有所不同。新图层的名称为"引导层"，且最前端有一个由许多小点组成的抛物线状的图标。抛物线的端点处有一个小球，这个图标形象地解释了引导层的作用。还有一点是该图层与小球图层稍微错开，从视觉上给人一种上面图层在领导下面图层的感觉，如图 6-7 所示。

需要说明的是，创建小球的传统补间动画和创建引导层不分先后顺序，不论先创建哪个都不影响创建结果。

为了便于观察和操作，我们可以先点击小球图层的眼睛图标将小球隐藏起来。接下来，再在引导层绘制一条引导线。该例制作的是小球从一侧向另一侧跳动的动画效果，小球在弹跳时所呈现的轨迹应该是多个抛物线的组合，而且随着力的减弱，抛物线也应该一个比一个低矮。

抛物线最好用"椭圆工具"进行绘制，其他工具很难达到要求。在场景中拖拽出

图 6-6

图 6-7

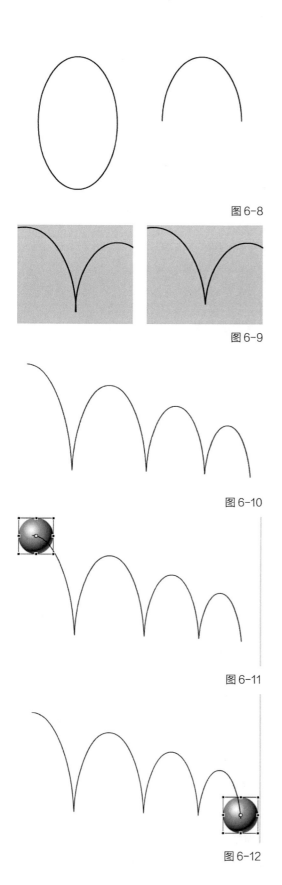

图 6-8

图 6-9

图 6-10

图 6-11

图 6-12

一个椭圆形,选择椭圆形的下半部分并删除,绘制出第一条抛物线,如图 6-8 所示。

对该抛物线进行复制,将复制出来的抛物线缩小一些并与第一条相接。这时要注意衔接的方法,这是抛物线能否起到引导作用的关键所在。既要保证两条抛物线相交,又要保证没有任何多余的接头。为了确保这两点,我们可以将两条线交接在一起后,然后放大视图,对接头进行删除,如图 6-9 所示。

用相同的方法继续绘制其余几条抛物线并衔接,直至完成整条引导线,如图 6-10 所示。注意,引导线不能转换为元件,也不能成组,否则无法完成动画效果。

将第 1 帧处的小球放置于抛物线左边最高点,如图 6-11 所示,再将第 70 帧处的小球放置于抛物线右边最低点,如图 6-12 所示。小球的中心点一定要放在引导线上,如果移动目标图形的过程中,无法与引导线贴齐,可以勾选"查看—对齐对象"选项。

另外,当存在多个图层时,改变图层的位置,或在引导层与被引导层中增加新的图层,引导层则可以同时对两个图层进行引导。

三、调整加减速率

经过预览,小球的运动路径已经基本符合要求,但是在速率方面还不尽如人意。因为在现实生活中,小球在下落的过程中是做加速运动,而在弹起的过程中是做减速运动,在球落地的瞬间速度达到最大,而在空中的高点速度降为 0,我们要把这种速度的变化制作出来。

通过拖动时间轴指针观察动画,小球在第 1 帧、第 27 帧、第 47 帧、第 64 帧处位于最高点,在第 15 帧、第 38 帧、第 57 帧、第 70 帧处于最低点——地面。将这些帧分别创建为关键帧,并在关键帧之间创建传统补间动画，如图 6-13 所示。

接下来，打开属性面板，点击小球时间轴第 1 帧，在属性面板的补间栏中出现一个名为"效果—Classic Ease—In"的选项。该选项就是用来控制补间对象运动时的速率的，选项值默认情况下为 0，数值范围在 –100 到 100。当值为 0 时，物体为匀速运动；值为 –100 时，物体运动呈现最大加速度；值为 100 时，物体运动呈现最大减速度。

此时，小球位于第 1 帧最高点，接下来的运动是快速下坠，所以应该是加速。我们将属性面板的数值设置为 –70，如图 6-14 所示。预览动画，现在小球从第 1 帧至第 15 帧的运动状态变为了加速下落。

然后，依次选中小球位于高点的关键帧，第 27 帧、第 47 帧、第 64 帧，将它们的缓动值依次设置为 –60、–50、–40。再次预览，小球每次都是加速下落，并且随着力的减弱，下落的加速度逐渐递减。

小球下落时既然产生加速度，从地面反弹起来到空中也应该产生减速度。依次选中小球接触地面瞬间的关键帧，第 15 帧、第 38 帧、第 57 帧、第 70 帧，将它们的缓动值依次设置为 70、60、50。预览动画，现在小球触地之后反弹到空中就具有了减速度，并且每次反弹的力量和速度依次递减。

需要提醒的是，选中时间轴上的关键帧，控制面板才会出现缓动值选项。

结合"绘图纸外观"和"编辑多个帧"功能，可以观察小球在整个跳动过程中每一个关键帧和普通帧的情况。我们能够清楚地看到，小球在最高点与最低点时最为密集，处于中间状态时则相对稀疏，如图 6-15 所示，这显然是速度的调整带来的变化。

图 6-13

图 6-14

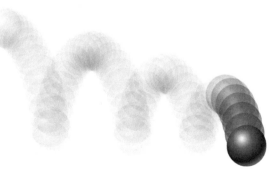

图 6-15

图 6-17

图 6-16

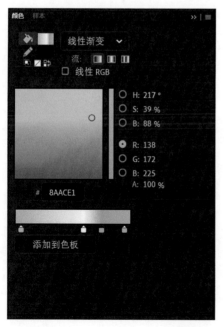

图 6-18

至此，小球弹跳的引导线动画就制作完成了。此时不用担心引导线的显示问题，因为输出影片后引导线会自动消失。

第二节 《凤舞瓶花》动画制作

此案例得名于一幅漂亮的国画《凤舞瓶花》。凤舞青花瓶中的花束在微风中摇曳，背景壁画上的纹理在流光中游走。其中，壁画流光溢彩的效果就是利用遮罩技术制作出来的。

一、绘制"瓶""花"

新建一个文件，宽 360，高 430，帧速率 12，如图 6-16 所示。

先绘制桌案，由于桌子是左右对称的，所以只需绘制桌子的一半再复制出另一半即可。在库面板中新建元件"桌案"，用"线条工具"和"钢笔工具"绘制出桌案右半边的图形，并用"颜料桶工具"将其填充为黑色。

复制该图形，对其执行"修改—变形—水平翻转"命令，将复制出的图形做镜像处理。再将左右两部分对接成一个完整的桌案，如图 6-17 所示。

新建元件"花瓶"，绘制出花瓶的外轮廓。瓶子是青花瓷材质，整体为白底蓝花。在"颜色"属性面板中选择线性渐变填充，再添加两个颜色滑块。这四个渐变点都为浅蓝色，其中第 2 个滑块的颜色较浅，第 3 个滑块的颜色较深，其余两个滑块的颜色适中，如图 6-18 所示。

对图形进行渐变填充，并删去线框。接下来，绘制瓶身上的青花图案，由于图案繁杂细小而且有粗细变化，所以适合使用"刷子工具"进行绘制。选择蓝色，直接在瓶身上勾画出凤舞的青花纹样，如图 6-19 所示。

新建元件"花"。使用"铅笔工具"绘制出花的外轮廓，在"混色器"中选择放射状渐变色，并添加一个颜色滑块。其中，第 1 个滑块为鲜红色，第 2 个滑块为黄色，第 3 个滑块为暗红色，如图 6-20 所示。对图形进行渐变填充，并删去边框，如图 6-21 所示。

新建元件"枝干"。画出枝干的形状，并为它填充上与元件"花"一样的颜色，如图 6-22 所示。

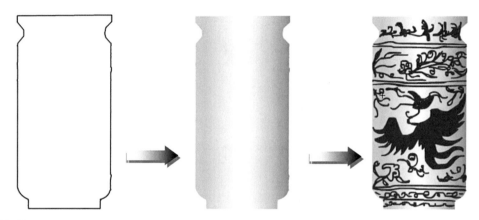

图 6-19

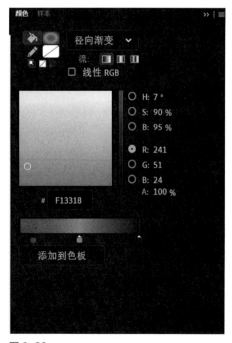

图 6-20

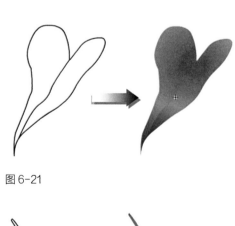

图 6-21

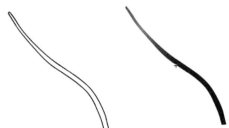

图 6-22

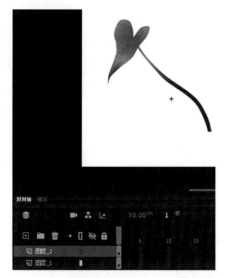

图 6-23

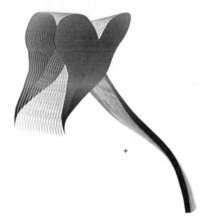

图 6-24

二、制作摇摆的花枝

有了"花"和"枝干"，就可以制作花随风摆动的动画了。新建元件"花枝1"，再新建"图层2"，将其调整到"图层1"的下方。分别在"图层1"和"图层2"的第1帧导入"花"和"枝干"元件，将这两部分拼合为一枝完整的花，如图 6-23 所示。

选中两个图层时间轴的第20帧，按下快捷键"F6"插入关键帧，使用"任意变形工具"调整两个图层关键帧上"花"和"枝干"的大小及位置，模仿花枝向右摆动的状态。鼠标右键单击两个图层时间轴上的第1帧，在弹出的下拉菜单中执行"创建补间动画"命令。用"绘图纸外观轮廓"和"编辑多个帧"进行预览，现在花枝开始从左向右摇摆，如图 6-24 所示。

花枝向右摆动之后还应该返回到原位，形成循环。选中两个图层时间轴上的第1帧，单击鼠标右键，在弹出的下拉菜单中执行"复制帧"命令，如图 6-25 所示。再选中两个图层时间轴上的第40帧，单击鼠标右键，在弹出的下拉菜单中执行"粘贴帧"命令，如图 6-26 所示。如此，场景中第1帧的所有图形和信息就被原封不动地复制到第40帧。

图 6-25

图 6-26

在菜单栏执行"控制—循环播放"命令，如图 6-27 所示。播放动画，这枝花不停地左右摆动。

继续制作花瓶中的其他花枝。新建元件"花枝 2"。新建"图层 2"和"图层 3"，分别在三个图层时间轴上的第 1 帧导入元件"枝""花""花"，并对这三个元件进行拼合。

在三个图层时间轴上的第 21 帧插入关键帧，使用"任意变形工具"调整三个图层关键帧上图形的大小和位置。再对第 1 帧进行复制，并粘贴至第 40 帧上。在三个关键帧之间创建传统补间动画，这枝花的摆动动画就做好了，如图 6-28 所示。

用同样的方法制作出"花枝 3"。它们的图层结构和内容基本一样，只是调整后的图形形状略有差异，如图 6-29 所示。

三、制作遮罩效果的壁画纹样

遮罩是一种范围的设定，它可以帮助我们显示或隐藏物体。我们可以将遮罩层上的对象看作是透明的，而其他部分则是不透明的。遮罩层与被遮罩层的区别仅仅体现在可视与不可视上。被遮罩层位于遮罩层的下方，与我们日常的认知相反，被遮罩层图形遮盖的部分是可见的，而未被遮盖的部分则

图 6-27

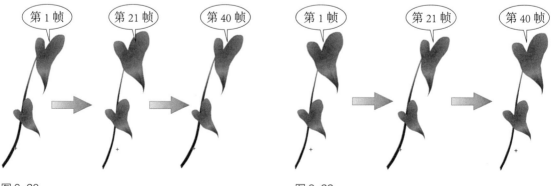

图 6-28   图 6-29

是不可见的。

所以，遮罩效果由两大要素构成，一是遮罩层上图形的形状，二是被遮罩层上图形的颜色。被遮罩层图形所遮盖住的颜色，就是我们最终看见的效果，如图 6-30 所示。

接下来，我们制作彩色的光线在壁画上游走的特效。

首先，绘制遮罩效果的要素一：形状。这里的形状就是壁画上的纹样。新建元件"流光溢彩"，使用"刷子工具"绘制出壁画上繁复多变的古典纹样，如图 6-31 所示。

注意，遮罩层的对象可以是元件也可以不是，但是一定不能成组，否则遮罩会失效。另外，不能直接引用位图或者文字作为遮罩层。

然后，绘制遮罩效果的要素二：颜色。这里的颜色就是光线的颜色。新建元件"横条"，使用"矩形工具"绘制出一个长条矩形。在"颜色"属性面板中选择线性渐变，为其再添加 6 个颜色滑块。在这 8 个滑块中，第 1、5、6、8 个是"A"值为 0% 的白色，第 2、4、7 个为黄色，第 3 个为金黄色，如图 6-32 所示。将"A"值设为 0 的目的是使颜色透明，这样做色块的变化更加丰富和通透。

图 6-30

图 6-31

图 6-32

　　使用"颜料桶工具"为矩形上色，注意填充的方向。从不同方向拖拽，填充的效果也不相同。记住一定要去掉矩形的边框，如图 6-33 所示。

　　遮罩两大要素绘制完成，接下来进行遮罩动画的制作。

　　双击元件"流光溢彩"图标，重新进入该元件。将图层 1 命名为"纹样"，新建"图层 2"命名为"光线"，并将其置于"纹样"的下方。在"光线"图层中导入"横条"元件。按下快捷键"F5"，将两个图层时间轴延长至 40 帧。在"光线"图层的第 40 帧处按下快捷键"F6"，再在两个关键帧之间创建传统补间动画，如图 6-34 所示。

　　调整两个关键帧上"横条"的位置。第 1 帧时，横条位于纹样最上方；第 40 帧时，横条位于纹样最下方，如图 6-35、图 6-36 所示。

图 6-33

图 6-34

图 6-35

图 6-36

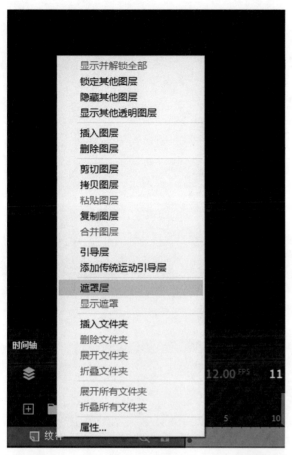

图 6-37

按下快捷键"Enter"播放动画，可以看到纹样下面的光线在从上往下移动。现在，我们为其加入遮罩效果。鼠标右键单击"纹样"图层，在弹出的下拉菜单中选择"遮罩层"选项，如图 6-37 所示。

此时图层已经被自动锁定，而且遮罩层与被遮罩层微微错开，上面图层控制管辖下面图层，如图 6-38 所示。如果要对动画进行修改，则必须先解除锁定。一旦解锁，动画即变为普通操作模式，将失去遮罩效果，将遮罩层再次锁定，遮罩效果会再次显现。当然，无论图层有没有被锁定，都不会影响影片最终的输出效果。

这样，遮罩动画就制作完成了。播放动画观察遮罩效果，我们看到亮黄色光线从上向下扫过。但由于还欠缺背景颜色的衬托，效果还不是很明显，如图 6-39 所示。

图 6-38

图 6-39

新建元件"壁画"，绘制一个矩形背景板，为其填充中间浅、上下深的线性渐变橘黄色，并删除线框，如图 6-40 所示。

新建"图层 2"，将其置于"图层 1"的上方。将元件"流光溢彩"中"图层 1"上的壁画纹样复制到元件"壁画"的"图层 2"中，为其填充上颜色，调整好尺寸，并放置于背景板中间，如图 6-41 所示。

新建"图层 3"，置于所有图层的上方。导入元件"流光溢彩"，并调整其大小和位置，使元件"流光溢彩"显示的图案与"图层 2"上的壁画纹样完全重合。因为"流光溢彩"元件一次完整播放所需帧数为 40，此处也要保持一致，按下快捷键"F5"延长所有图层的帧数到 40。

现在,由于有了背景的对比和衬托,壁画的遮罩效果格外明显。播放动画,可以看到壁画镂空纹样里从上至下游动着一道靓丽多彩的光芒，如图 6-42 所示。

图 6-40

图 6-41

图 6-42

图6-43

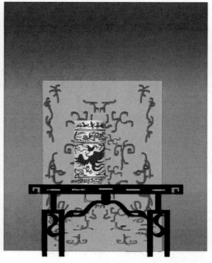
图6-44

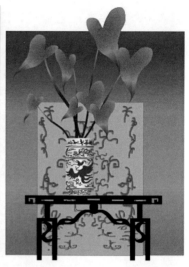
图6-45

四、拼合元素

所有元件都已经制作完成，下面把它们整合在一起。单击"编辑场景"按钮，选择"场景1"回到舞台。打开属性面板，将舞台尺寸设为360×430，如图6-43所示。这个尺寸是《凤舞瓶花》的画幅尺寸。

将元件"壁画"拖入舞台中，对其进行缩放，使它刚好撑满整个舞台。新建"图层2"并置于"图层1"的上方。在"图层2"中导入元件"桌案"和"花瓶"，并调整它们的大小和位置，如图6-44所示。

新建"图层3"，将其调整至"图层1"和"图层2"的中间。在"图层3"中导入两个"花枝1"元件、一个"花枝2"元件和两个"花枝3"元件。使用"任意变形工具"调整它们的大小和位置，使其刚好插放在花瓶中并且不会穿帮，如图6-45所示。

需要说明的是，此时只需要将各个元件拖入摆放在相应位置上就可以了，不需要创建补间动画。如果我们把所有元件都拖入到同一图层也是可

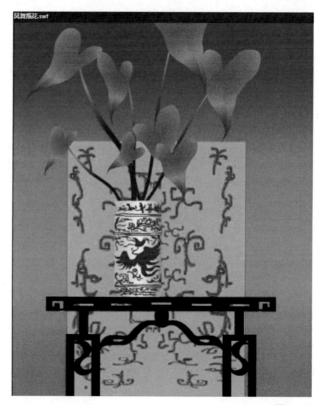
图6-46

以的，之所以新建了图层是为了便于管理。

将三个图层的时间轴都延长到40帧。按下快捷键"Ctrl+Enter"测试影片，至此《凤舞瓶花》动画就制作完成了。瓶中的花枝在微风中摇曳，背景板上的壁画纹样流光溢彩，如图6-46所示。

第七章
Animate 动画编导与制作

本章导读

用实际案例解析 Animate 短片的主要制作环节，包括前期的剧本设定、造型设计、分镜头设计，中期的动画调节，后期的合成输出。

精彩看点

Animate 动画技能在各个环节中的综合运用与衔接。

第一节 Animate 动画基本制作流程

学习视频、源文件及输出文件

通过前面几章的学习，同学们已经基本具备了独立制作 Animate 动画的能力。但是仅仅掌握动画的制作技术还远远不够。在制作之前，我们应该先了解一下 Animate 动画的制作流程。

目前，动画主要有二维动画、三维动画，这两种动画的制作流程主要分为前期、中期和后期三个部分。Animate 动画的制作流程与之相似。主要包括：

前期：剧本创作，角色设计、场景设计，分镜头设计；

中期：制作元件、编辑动画；

后期：合成、配音、生成影片。

一、剧本创作

首先，要有一个基本的包含浓缩的完整故事的构思，并且标明故事的主角，包括构成故事的冲突—发展—结局。然后，将上述提到的基本故事构成扩展成一个叙事大纲，其中含有大量的细节，并且有明确的故事发展情节。接下来，分场提纲，即影片逐场所叙事提纲，它允许作者控制节奏和速度。最后，是剧本初稿，接着是第二稿，直到最后定稿。大约每分钟一张。

二、角色设计和场景设计

动画片不但需要紧凑的节奏、丰富的表现力，还必须有自己的影片风格。因此角色和场景造型设计就显得尤为重要。以经典二维动画片《千与千寻》为例，片中的角色设计与场景设计均根据剧情需要进行设计,贪婪且自私的汤婆婆是人与鹰的结合体、锅炉爷爷的六只手臂能够自由伸缩、无脸男戴着面具显得非常神秘、"汤屋"中客人们的形态不一等,这一切构成了影片光怪陆离的奇妙幻境,深深地吸引着观众的目光。(图7-1)

再如,在国产动画《大鱼海棠》中,角色设计和场景设计都运用了偏写实的风格。角色的发型和服装大面积运用了独特的中国文化元素,主人公椿的发型和服装具有典型的民国时期特点。"童花头"借鉴了民国时期具有代表性的青年学生发型,以此来体现出椿的抗争、坚强。那个时期,中华民族正经历艰苦的战争年代,代表性的服装和发型隐喻女主人公为了命运斗争的精神。设计师们为了表现出椿的少女性和灵动可爱的特点,还特意增加了贴在脸部的碎发的细节。(图7-2)

图7-1《千与千寻》中的角色和场景

三、分镜头设计

分镜头的设计能力主要是由绘画能力和视听语言运用能力这两方面决定的，它是最终画面形成的重要依据。首先，动画中的分镜头主要用来展现整个动画的情感基调，同时介绍故事的发生和动画的制作背景，它是绘制动画和合成剪辑等工作的重要参考和蓝图。常用的分镜头主要有场景的绘制和整体的构图两种。首先要根据故事的发生背景、主角的情感基调对场景即空间的绘制。

动画场景的绘制是动画制作过程中的重要环节，如果没有对场景进行精心的绘制，就难以完美地展现动画的内在含义，观众很难通过场景这一辅助载体完成对动画内容的解读。场景的绘制主要是进行空间的构造，空间即故事发生的地点，是动画中角色进行表演的一个空间，如果我们能够抓住角色的情感，根据动画故事的主题等进行绘制，那么就会对动画主题的展示、情感的烘托、后期的构图、动画的整体风格特点及动画节奏有很好的促进作用。下面，我们来看一下《千与千寻》部分分镜头设计。（图7-3）

通过对分镜头场景进行科学构图，我们可以制作出一种与影片贴合度更高的分镜头，这样更容易使观众产生代入感，更能引起他们的共鸣。同时，在一些比较重要和复杂的动画影片制作中，往往还需要将静态分镜头台本编辑成动态分镜头。

图 7-2 《大鱼海棠》中的角色和场景

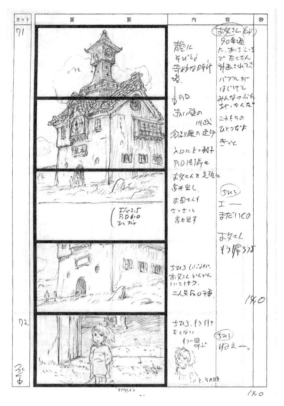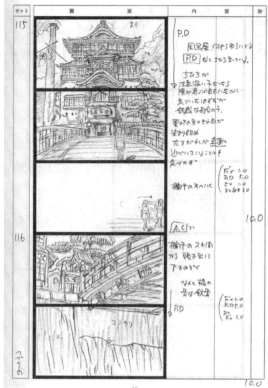

图 7-3 《千与千寻》分镜头设计

第二节 Animate 公益广告《文明好司机》前期制作

首先，我们需要做的是，分析理解剧本要表达的内涵，了解情节点的设置，为下一步的设定做好准备。

一、剧本创作

镜头一：城市里的各色车辆来来往往。

镜头二：一位悠闲的老大爷在小院中的摇椅上午休。一旁的小猫也睡着了。镜头渐渐推向小院外的马路。

镜头三：嘈杂的车辆来来往往，震得石桌上的茶杯直晃。

镜头四：小猫不安地睁了一下眼睛。

镜头五：突然一声鸣笛，老大爷被惊醒，吓得举起双手。

镜头六：茶杯盖被震得飞了出去。

镜头七：小猫吓得瞪大双眼，毛发竖立。

镜头八：出字幕"争做文明好司机，尊重他人不鸣笛"。

二、角色设计和场景设计

在本案例中,《文明好司机》作为公益动画短片,并不以营利为目的,而是为公益行动与公益事业提供服务,向社会公众传播有益的社会观念,所以动画短片整体考虑用简洁的风格进行表现。本片的画面风格比较轻松,以日常生活中常见的老大爷为原型进行角色设计,上身着白背心,下身着蓝裤子,脚上穿着拖鞋,没有做过的修饰,简洁明了,非常贴近生活。

《文明好司机》采用手绘板绘制,不过多强调线条的工整性,从而使人产生一种趣味感。一般情况下,角色造型需要绘制 5 个基本转面:正面、侧面、背面、四分之三正面、四分之三背面。另外,还需要设计角色的若干表情和动作造型。

造型设计主要包括角色设计和场景与道具设计。

1. 角色设计

（1）老大爷造型设计:由于本片是广告短片,人物一直坐在摇椅上,没有过多的动作,所以不用绘制转面图,如图 7-4 所示。

（2）小猫造型设计:小猫造型需要突出鸣笛前的悠闲与受惊吓后恐惧所形成的反差,如图 7-5 所示。

图 7-4 老大爷造型设计

图 7-5 小猫造型设计

2. 场景设计

本片场景主要为小院里和马路上，如图 7-6 所示。

3. 道具设计

本片道具主要是小院里的物件，包括石桌、茶杯、摇椅以及马路上的各种机动车，如图 7-7 所示。

图 7-6 场景设计

图 7-7 道具设计

三、分镜头脚本

有了剧本，完成了角色设计、场景和道具设计，接下来开始绘制《文明好司机》分镜头。

《文明好司机》分镜头

镜号	镜头	时间	内容	声音	画面
01	中远景	2秒	城市里的各色车辆来来往往	机动车的行驶声	
02	从小院推向马路	5.5秒	一位悠闲的老大爷在小院中的摇椅上午休。一旁的小猫也睡着了	由安静变嘈杂	
03	特写	1秒	石桌上的茶杯微微晃荡	机动的车行驶声	
04	近景	1秒	小猫微微睁开一只眼	机动车行驶声变大	

镜号	镜头	时间	内容	声音	画面
05	近景	1.5 秒	老大爷被惊醒	巨大的鸣笛声	
06	特写	1 秒	茶杯盖被震飞	巨大的鸣笛声	
07	近景	1 秒	小猫瞪大双眼，毛发竖立	巨大的鸣笛声	
08	中景	5 秒	字幕与标牌缓缓升起	轻快的音乐	

第三节 Animate 公益广告《文明好司机》中期制作

一、建立主要元件

在 Animate 中，我们一般先建立大量元件，形成素材库，以便于管理和重复利用。后期再根据情况对元件进行调配利用。

二、镜头表现

按照已经设计好的分镜头画面和动作来进行镜头的制作。

SC-1：用中远景交代故事发生的整体面貌，表现出马路上往来如织的各种机动车辆，一片繁忙的景象，如图 7-8 所示。

SC-2：画面切到一个幽静的小院里，一位悠闲的老大爷在摇椅上午休，一旁的小猫也睡着了。突出繁杂与幽静的对比，为即将到来的鸣笛声做铺垫，如图 7-9 所示。

图 7-8

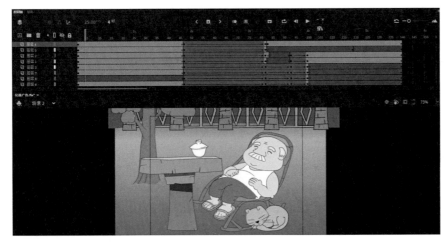

图 7-9

SC-3：用特写镜头表现，轰轰隆隆的机动车声使石桌上的茶杯微微摇晃起来，如图 7-10 所示。

SC-4：近景表现，小猫不安地睁开了一只眼，如图 7-11 所示。

SC-5：前面的铺垫在此刻爆发。近镜头表现，巨大的鸣笛声将老大爷惊醒，如图 7-12 声。

SC-6：特写镜头，杯盖飞了出去，如图 7-13 所示。

SC-7：近镜头表现，小猫全身的毛都竖了起来，如图 7-14 所示。

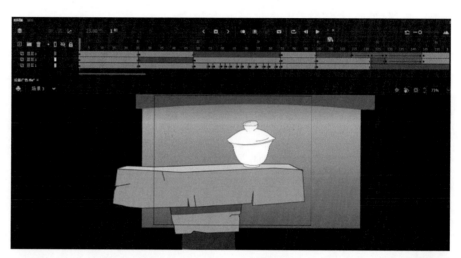

图 7-10

图 7-11

图 7-12

图 7-13

图 7-14

SC-8：字幕渐渐出现，如图 7-15 所示。

图 7-15

第四节 Animate 公益广告《文明好司机》后期制作

在动画制作中，光有画面往往是不够的，声音的编辑也是一个很重要的环节。电影理论家贝拉·巴拉兹曾说："我们对于视觉空间的真正感觉，是与我们对声音的体验紧密相连的……只有当声音存在时，我们才能把这种看得见的空间作为一个真实的空间。"声画和谐的动画片才能完美诠释和塑造艺术形象，才会更具视听艺术的审美价值。在动画作品中加入声音，可以表达更多的情感信息，以调动观众的情绪。对一个优秀的动画作品来说，声音不仅是不可缺少的组成部分，更可能成为具有决定意义的因素，往往能起到画龙点睛的效果。例如，《哪吒之魔童降世》中的配乐也贯彻了创新理念，贯穿中西，用了中乐团、西乐团、合唱团、摇滚乐队等 200 人的队伍来灌制音乐，营造了多种配乐氛围，选择了二胡、唢呐、箫、铜管、弦乐等乐器为配饰。涉及面之广，参与人数之多，配乐之隆重，也最大限度地展现了动画电影的魅力。最突出的一个地方便是哪吒在变身后，配乐由中乐和唢呐为主陡然变成了电吉他和西乐演绎，过往的童真烂漫一下子变成气焰嚣张的烈焰，情绪上霎时完成了更迭，使观众更有代入感和沉浸感。

一、声音的编辑

1. 导入、加载声音

Animate 支持的声音格式相当多，包括 Windows 系统中的 wav 文件格式、Sun 微系统中的 au 文件格式、Macintosh 系统中的 aiff 文件格式，还有现在最流行的 mp3 文件格式。那我们如何将声音文件导入 Animate 中呢？执行"文件—导入"或"导入到库"命令即可。

在图库中，声音元件不但有其特定的图标，而且在预览框中还有表示被选中声音的声波图和播放与停止按钮。因此，如果想知道某个声音元件的特点如何，可以观察声波图，还可以单击"播放"按钮进行试听。点击"停止"按钮停止播放，如图 7-16 所示。

在使用"导入"命令导入声音时，声音只会出现在图库中。那么，如何在影片中加入声音呢？一是为帧添加声音，另一种是为按钮添加声音。

只能在关键帧上才能添加声音。如果放置播放头的帧不是关键帧，那么系统会自动在前一个关键帧处添加声音。使用鼠标按住声音的预览图或图标不放，并将其拖入舞台中即可添加声音。注意是拖到舞台中，而不是拖到时间轴上。加载声音后，关键帧上即可出现如图 7-17 所示声波图。这是加入声音的第一种方法。

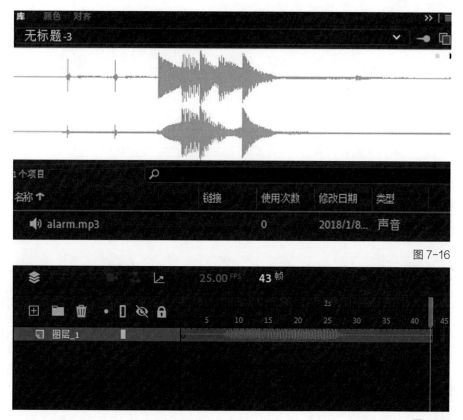

图 7-16

图 7-17

图 7-18

第二种方法是利用"属性"面板进行加载。选择时间轴上的任一帧选，在"属性"面板中单击"声音"选择框的下拉箭头，在弹出的下拉菜单中选择声音，即可将声音加载到影片中；如果在已经加载了一种声音的关键帧上，选择其他声音，即可对声音进行修改；如果已经加载了声音，选择"无"选项，则会删除声音，如图 7-18 所示。

2. 声音的循环

在 Animate 中，加载声音往往会使文件增大。声音越长，涨幅越大。因此，如果没有必要加入整段音乐，我们可以对声音进行剪切，让其循环播放便即可。

观察"属性"面板，在没有设定循环时，"重复"输入框的数值为 0，表示此时该段声音仅播放 1 次。如果我们将数值设置为"5"，则表示该段声音会循环播放 5 次，相应的时间轴上会出现 5 段一模一样的声波图，表示该段声音在动画中将被重复播放 5 次，如图 7-19 所示。

不管动画的时间有多长，只要插入一小段音乐，就可以让它循环播放，直到动画结束。并且，不会大幅度增加文件大小。

3. 声音的特效

我们可以在声音"属性"面板的"效果"下拉菜单中设置声音效果，如图 7-20 所示。

"无"：表示不播放任何声音；

"左声道"：表示只有左声道播放声音；

"右声道"：表示只有右声道播放声音；

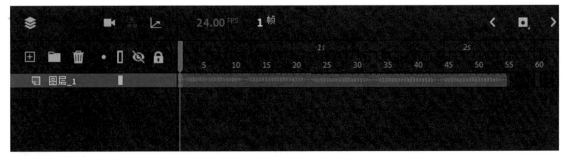

图 7-19

"从左向右淡出"：表示声音从左声道开始播放，慢慢转到右声道，最后消失；

"从右向左淡出"：表示声音从右声道开始播放，慢慢转到左声道，最后消失；

"淡入"：表示声音从低到高，由小到大的变化；通常用在声音的开始位置。

"淡出"：表示声音从高到低，由大到小的变化；通常用在末尾位置或声音衔接部分。

"自定义"：表示可以根据自己的需要编辑声音。选择此项后，会弹出一个"编辑封套"对话框。"编辑封套"对话框左上角的"效果"选择框表示当前声音的变化状态。对话框的主体表示声音的波形，上面的波形表示左声道，下面的波形表示右声道。波形上的线表示声音的高低，用白色控制点来控制这些线。在声波线上单击鼠标左键可增加控制点，拖住控制点到波形图编辑区的外面松开鼠标即可减少控制点。

上下两个波形中间部分表示声音的长度。其中，数字表示处于第几秒或第几帧，双竖条表示起止位置，处于起止位置以外的波形将无法播放。波形图下面有滑块，向左或向右拖动滑块可观察波形图，如图 7-21 所示。

下方的按钮可以用于控制声音和波形图，左边可以控制声音的播放、右边控制视图显示。

图 7-20

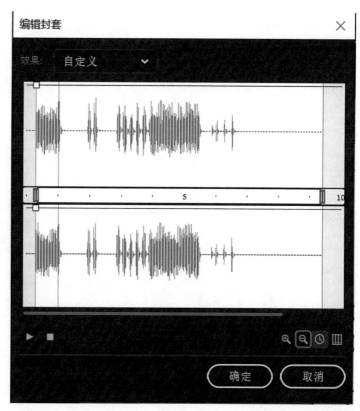

图 7-21

4.声音与画面的同步

"同步"设置决定声音与影片的配合方式。可以设置声音相对独立，自行播放，也可以让声音与画面同步，还可以设置声音的开始和结束。

点击"同步"选择框的下拉箭头，弹出如图7-22所示四个选项。

（1）事件，选择该选项声音播放不受时间轴的限制，即使影片播放完毕，声音仍会继续播放直到结束。该方式适用于比较短的音频。在制作循环声音时，如果第一个场景使用了该方式的音乐，并且有足够多的循环次数，后面几个场景可不再导入声音。

（2）开始，它与"事件"选项类似，不同的是选用"事件"选项，声音在遇到同一声音后仍继续播放，而使用"开始"选项的声音在遇到同一声音后会停止播放。

（3）停止，使指定的声音静音。到了设定此选择项的关键帧，即使加载了声音，也无法播放，并且会使正在播放的声音停止。

（4）数据流，即音画同步。选择该选项，软件会把声音平均分配到相对应的帧，当动画播放到哪个帧时，声音就相应地播放哪一段音频。当影片播放完毕时，声音也播放完毕。与"事件"声音不同的是，数据流随着swf文件的停止而停止。而且，数据流的播放时间不会比帧的播放时间长。

需要注意的是，选择该选项，如果动画的下载速度超过声音的下载速度，那么来不及播放的声音就会自动跳过。同样，如果声音的下载速度超过动画的下载速度，那么来不及播放的动画也会自动跳过。这样，声音或动画就是断断续续的。

二、配音

影片动态部分制作完成后，还要为其配上声音。为作品加上声音不仅可以表达更多的情感信息，也能更好地传达导演的意图。

动画片的声音来源主要有两种。一种是利用已有的声音，另一种是自行制作。《文明好司机》使用声音的两个主要场景是院子和马路。

图7-22

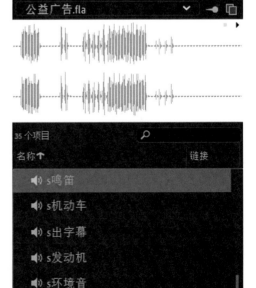

图7-23

先将声音文件导入库中，如图 7-23 所示。

SC-1：将声音元件"机动车"拖入"场景 1"图层 8，如图 7-24 所示。

SC-2：将声音元件"环境音"拖入"场景 2"图层 10 上，新建图层 11，在第 65 帧处创建关键帧，再次拖入"机动车"，如图 7-25 所示。

SC-3 至 SC-4：在"场景 3"第 1 帧处，将声音元件"机动车"与"发动机"拖入到图层 5、图层 6 上，如图 7-26、图 7-27 所示。

SC-5 至 SC-7：新建图层 7，在第 53 帧处导入"鸣笛"，由于此声音较短，可以紧接着再拖入三次，形成一个较长的鸣笛声。

SC-8：在空白图层 7 第 125 帧处，拖入声音元件"字幕"，如图 7-28 所示。

图 7-24

图 7-25

图 7-26

图 7-27

图 7-28

三、输出影片

此公益广告短片时长较短，后期画面、声音合成都在 Animate 中制作完成。但是如果我们做长片动画，就会面临元件很多，体量很大等问题，在 Animate 中做后期剪辑合成就不太方便了，文件太大可能会出现软件闪退的情况。所以在制作一些长片的时候，我们可以输出 mov 视频格式文件，因为 mov 视频格式支持帧内压缩编码，后期处理时对电脑性能要求不高，然后再用 After Effects、Premiere 等专业后期软件进行制作。

接下来，是短片制作的最后一步，将影片输出为mov格式文件。执行"文件–导出–导出视频/媒体"命令，如图7-29所示。在弹出的对话框中选择储存路径，确保渲染大小、格式等要素，点击"导出"按钮输出影片，如图7-30所示。

图 7-29

图 7-30

参考文献

1. 尹小港. Adobe 创意大学 Flash CS5 产品专家认证标准教材. 北京：印刷工业出版社，2011.

2. 刘佳，於水. Flash 动画制作. 北京：北京联合出版社，2012.

3. 杜坚敏，孙金山. Flash 动画综合实训. 北京：中国人民大学出版社，2012.

后记

Animate 动画文件小、交互性强、上手较快，是一个不可忽视的动画类型。但我们不能因此就只重视软件的学习，而忽略了专业知识积累。我们在学习软件的同时，应当不断加强基本造型能力、动画规律以及视听语言的培养，这样才能真正得心应手地运用软件，创作出优秀的作品。

另外，动画的创作离不开对生活的细致观察和体悟，有不少优秀的动画师或者从业人员并非动画专业科班出身，他们之所以能做出优秀的作品，不仅因为掌握了先进的技术，还因为其具有善于观察的事物眼睛和善于感悟的心灵。

本书在编写过程中难免存在不足之处，还有许多需要完善的地方。还望读者和学者专家批评指正。

沈正中